高等院校"十三五"创新型应用人才培养规划教材

# 环境艺术设计 SketchUp 方案表现

主　编　王　浩　张　玲

副主编　吕慧娟　刘　瑶

参　编　胡泽华　黄　茜

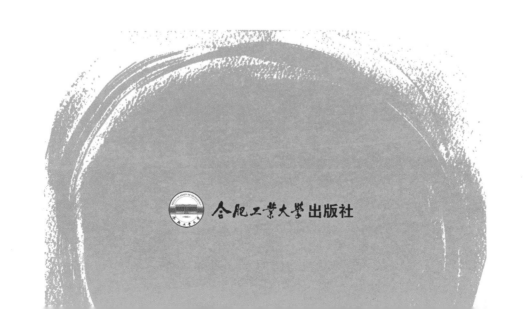

合肥工业大学出版社

# 内 容 提 要

本书是SketchUp设计软件的使用教材。全书共分为四个学习阶段：第一阶段介绍了SketchUp软件的特点及安装方法；第二阶段通过大量案例讲解了环境艺术设计室内外单体模型方案表现方法，融入SketchUp绘图、编辑、辅助工具、插件等知识点；第三阶段主要对SketchUp图层、材质与贴图、截面、文件导入与导出等专项操作进行了讲解；第四阶段通过3个综合项目讲述了SketchUp在环境艺术设计中的具体应用。

本书可作为高等院校艺术设计专业的教学用书，也非常适合作为初、中级读者的入门及提高参考用书，还可作为环境艺术设计行业设计师参考工具书。另外，本书所有案例均采用SketchUp Pro 2015版本进行编写，请各位读者注意。

**图书在版编目（CIP）数据**

环境艺术设计SketchUp方案表现/王浩，张玲主编. —合肥：合肥工业大学出版社，2017.8
（2023.1重印）

ISBN 978-7-5650-3523-4

Ⅰ.①环… Ⅱ.①王…②张… Ⅲ.①环境设计—计算机辅助设计—应用软件 Ⅳ.①TU–856

中国版本图书馆CIP数据核字（2017）第212591号

## 环境艺术设计 SketchUp 方案表现

王 浩 张 玲 主编　　　　责任编辑 王 磊

| | | | |
|---|---|---|---|
| 出 版 | 合肥工业大学出版社 | 版 次 | 2017年8月第1版 |
| 地 址 | 合肥市屯溪路193号 | 印 次 | 2023年1月第2次印刷 |
| 邮 编 | 230009 | 开 本 | 889毫米×1194毫米 1/16 |
| 电 话 | 艺术编辑部：0551-62903120 | 印 张 | 15 |
| | 市场营销部：0551-62903198 | 字 数 | 450千字 |
| 网 址 | www.hfutpress.com.cn | 印 刷 | 安徽联众印刷有限公司 |
| E-mail | hfutpress@163.com | 发 行 | 全国新华书店 |

ISBN 978-7-5650-3523-4　　　　　　　定价：68.00元

如果有影响阅读的印装质量问题，请与出版社市场营销部联系调换。

高等院校"十三五"创新型应用人才培养规划教材

# 编 委 会

主　　任：蒋尚文

副主任：陈敬良　李　杰　张晓安

　　　　　王　礼　袁金戈　曹大勇

顾　　问：何　力

前　言

高等院校学生的核心竞争力在于"技能复合型"。本书依据应用型教育特点编写，以实际项目为载体，教学内容紧贴一线工作内容，紧密对接岗位技能，以专业技术应用为核心。

SketchUp是一款深受欢迎的、面向设计过程的三维软件，它完全打破了传统三维设计软件复杂的操作方式和格局，其操作简便，易学易用，设计师前期可以直接使用SketchUp对方案进行实时、有效的推敲和细化，后续还可通过多种形式对方案进行表现，工作效率非常高，已广泛应用于环境艺术设计、建筑设计、家具设计等行业领域，被誉为"草图大师"。

本书通过"入门—基础—专项—提高"四个阶段带领读者由浅入深，逐步地掌握SketchUp在环境艺术设计领域的方案表现技巧，全书共设置14个单体项目、3个综合项目，以完成工作项目为教学过程，将SketchUp各知识点融入项目中，强调"学中做、做中学"，在训练过程中传授知识。

在编写过程中，长沙环境保护职业技术学院王浩承担教材编写的指导组织、大纲撰写及统稿、审稿工作，长沙环境保护职业技术学院王浩负责室内方案表现项目的编写，长沙环境保护职业技术学院张玲负责室外景观方案表现项目的编写。

由于笔者自身能力有限，加之时间仓促，书中难免有诸多缺点和错误，恳请有关专家和广大读者批评指正。

本书的编写，参考了大量行业企业一线实际工程项目案例，得到了长沙环境保护职业技术学院环境艺术与建筑系主任王礼教授和广东华熙艺术设计有限公司设计总监李伟高级工程师的大力支持。他们对本书的编给予了指导和建议，希望通过本书的出版，为高等院校艺术设计教育做出一些贡献。最后特别感谢长沙环境保护职业技术学院领导和合肥工业大学出版社的领导、编辑为本书的出版给予的帮助和支持。

王　浩

2017年12月

# 目录

# 第 1 章　入门阶段：SketchUp 入门知识

## 1.1　SketchUp 概述

　　2006 年 3 月，Google 宣布收购 3D 绘图软件 SketchUp 及其开发公司 @Last Software。收购完成后软件在功能上最显著的特点是融入了 Google Earth 功能，让用户可以利用 SketchUp 创建 3D 模型并放入 Google Earth 中，使得 Google Earth 所呈现的地图更具立体感、更接近真实的世界。使用者可以通过 Google 3D Warehouse 的网站（http://Google.google.com/3dwarehouse/）寻找与分享各式各样利用 SketchUp 创建的模型。2012 年 12 月，Trimble 公司宣布收购 SketchUp，并于 2013 年推出了 SketchUp 2013 版本，后续对 SketchUp 软件版本持续进行更新，如图 1-1 所示，本教材使用 SketchUp 2015 版本。

图 1-1

目前主流三维设计软件方案表现速度都跟不上设计师的思路，导致设计师无法运用计算机构思并及时与客户交流，因此许多设计师只能以手绘的形式弥补这个缺陷，其工作模式为：设计师构思—勾画草图—制作人员进行表现—设计师提出修改意见—修改完善—方案定稿。由于方案表现过程设计师参与程度不高，必然影响工作的准确性，降低工作效率，在这种情况下，直接面向设计过程的 SketchUp 软件应运而生。SketchUp 也被称为"设计大师"、"草图大师"，是一款功能强大的环境艺术设计草图设计软件，是直接面向家具、室内设计、建筑设计等设计方案创作过程的设计工具。SketchUp 软件操作简单、上手快速，可以快速、方便地进行三维方案表现，能使设计师设计思想得以直接呈现，可满足设计师与客户交流的需要。

## 1.2 SketchUp 软件的特点

### 1.2.1 易上手的操作界面

SketchUp 完全避免了其他各类设计软件的复杂性，初学者可以通过单击界面上形象的工具图标启用绝大部分的功能，因此不需要通过一层层的面板去执行操作命令，操作界面如图 1−2 所示。

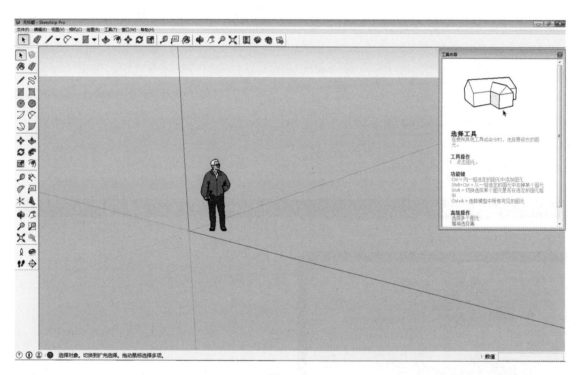

图 1−2

将光标置于 SketchUp 操作界面左侧的工具图标上，SketchUp 会显示该工具的名称，如图 1−3 所示；启用工具后，界面下方的提示栏会出现该工具的操作技巧与提示，与 AutoCAD 软件类似，如图 1−4 所示；如需深入了解各工具的用途及详细操作方法，可以选择对应的工具，单击界面下方的"显示工具向导"按钮，即可弹出相应的"工具向导"面板进行了解，如图 1−5 所示。

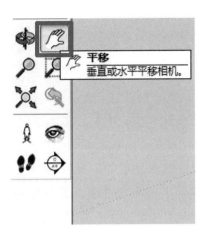

图 1-3

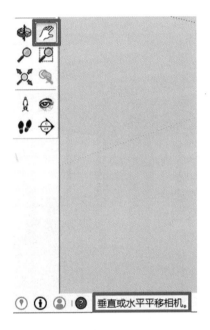

图 1-4

图 1-5

## 1.2.2　精确便捷的建模操作

SketchUp 建模方式就如手绘表现一般，能快速生成极为简洁和精确的多边形单面模型，能自动识别并创建封闭的模型面，辅助自动捕捉与精确数值输入，建模流程简单精确，如图 1-6 至图 1-9 所示。

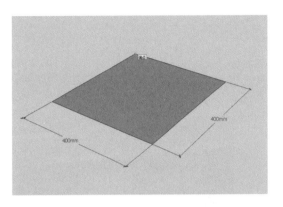

图 1-6

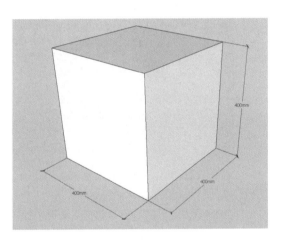

图 1-7

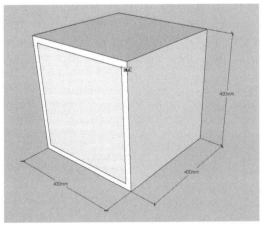

图 1-8

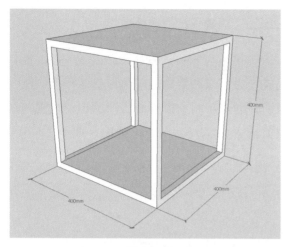

图 1-9

### 1.2.3 面向不同需求的显示效果

SketchUp 在三维静态方案表现中最大的优势是"所见即所得"，无须再经过光影渲染的加工，可以实时显示设计及修改的方案效果，这也是 SketchUp 软件快速表现设计过程的体现，如图 1-10 所示；除了显示常规的纹理贴图显示外，SketchUp 软件还依据设计需要，提供了"X 光透视显示"等多种效果显示方式，保证设计方案表现的需要，如图 1-11、图 1-12 所示；最后，SketchUp 软件还提供了强大的剖面功能，可以展示模型内部结构及空间相互关系。

图 1-10

图 1-11

图 1-12

### 1.2.4　轻松的动画制作

与 3ds max 软件相比，用 SketchUp 软件的漫游工具和剖面工具，可以很方便地制作漫游动画和生长动画，丰富方案表现手段，使设计师更为便捷地与客户进行交流。

### 1.2.5　与其他设计软件较强的兼容性

SketchUp 软件对二维图纸有着较强的兼容性，目前设计行业主流 DWG、JPG、TGA 等格式文件都可以直接导入 SketchUp，如图 1-13 所示；SketchUp 制作完成的三维模型可以直接导出为 3DS、OBJ 等格式，可以导入其他三维设计软件进行更为复杂和真实的效果表现。随着各软件版本的提高，彼此之间的兼容性也进一步加强，如 3ds max2010 版本以上就可以直接打开 SketchUp 软件制作的模型。

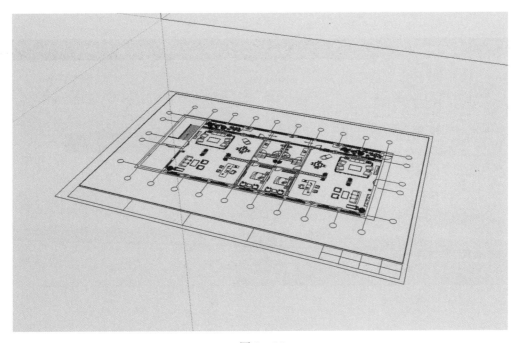

图 1-13

## 1.3 SketchUp 软件的安装及设置

### 1.3.1 SketchUp 硬件配置

环境艺术设计专业主流设计软件有 AutoCAD、Photoshop、SketchUp、3ds max、Vray 等，后期往往需要进行大型场景的方案表现，对工作电脑硬件配置有着一定的要求，因此在电脑配置时建议选择较高配置的台式机，其中以显卡、CPU 和内存最为重要。显卡建议选择 NVIDIA 系列独立显卡，CPU 建议选择四核及其以上，主频高者为佳，内存 4G 及其以上，笔记本配置可参考台机，以上配置可以综合考虑个人经济能力，建议一次配置到位。

推荐配置：

CPU：四核及其以上处理器；

显卡：NVIDIA 系列独立显卡；

内存：4～8G；

硬盘：500G～1T。

### 1.3.2 SketchUp 2015 的安装与卸载

可登陆 SketchUp 官方网站（http：//www.SketchUp.com/）下载或者购买安装光盘，获得 SketchUp 安装软件，如图 1-14 所示。

安装步骤如下：

第 1 步：双击 SketchUp Pro 2015.exe 文件，运行安装文件，如图 1-15 所示。

第 2 步：在弹出的 SketchUp Pro 2015 安装对话框中，单击下一个按钮，开始进行安装，如图 1-16 所示。

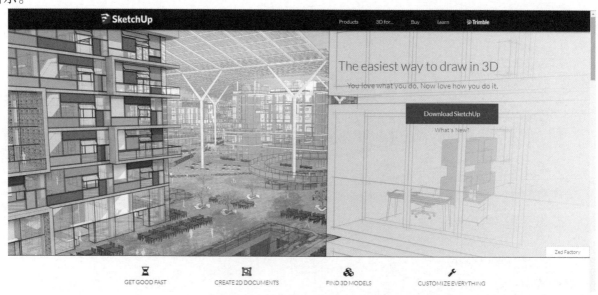

图 1-14

图 1 - 15

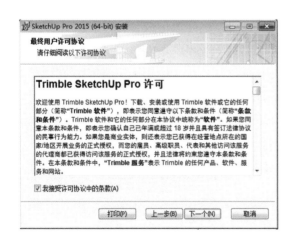

图 1 - 16

第 3 步：在弹出的 SketchUp Pro 2015 安装对话框中，勾选"我接受许可协议条款"后单击下一步，如图 1 - 17 所示。

图 1 - 17

第 4 步：设置安装路径，一般默认为 C：\\Program Files\\SketchUp\\SketchUp 2015\\，如果需要安装到其他盘，只需将 C 改为对应的盘符即可，然后单击下一个按钮，如图 1 - 18 所示。

图 1 - 18

第 5 步：在弹出的 SketchUp Pro 2015 安装对话框中，单击安装按钮，开始安装软件，如图 1 - 19、图 1 - 20 所示。

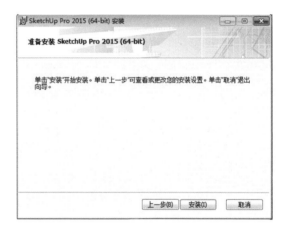

图 1 - 19

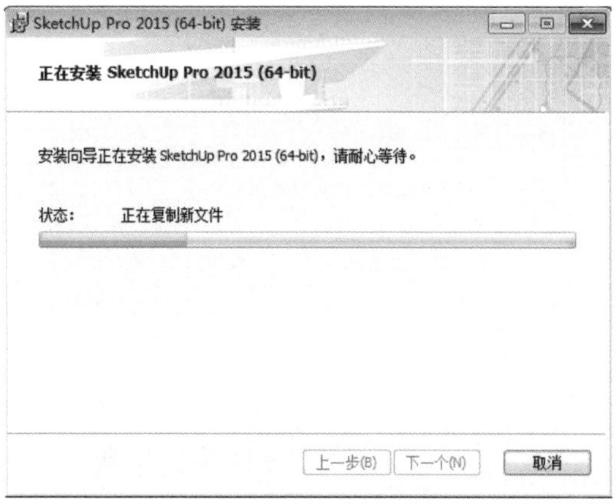

图 1 - 20

第 6 步：安装完成后，单击完成按钮，完成软件安装，如图 1 - 21 所示。

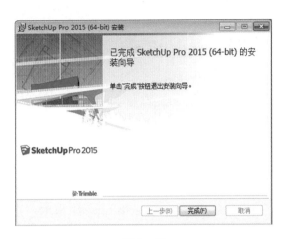

图 1-21

效率。下面就以环境艺术设计方向为例,设置并保存一个模板。

(1)启动 SketchUp 2015,执行"窗口—模型信息"菜单命令,打开"模型信息"对话框并切换到"单位"面板,将"长度单位"设置为"十进制",单位为 mm,精度为 0mm,并且勾选"启用长度捕捉",如图 1-24 所示。十进制长度单位的毫米是环境艺术设计习惯单位,也是与 AutoCAD、3ds max 等其他设计软件文件互导的统一单位设置。

卸载 SketchUp 步骤非常简单,只需打开 Windows 应用程序中的"控制面板",在"添加或删除程序"中找到 SketchUp 程序,右键单击选择"卸载",如图 1-22 所示,在弹出的"程序和功能"对话框中选择"是"按钮,即可完成 SketchUp 软件的卸载,如图 1-23 所示。

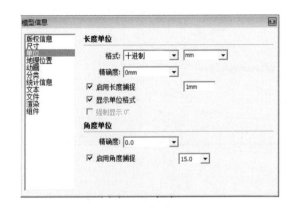

图 1-24

图 1-22

(2)执行"窗口—系统设置"菜单命令,打开"系统设置"面板,进入"OpenGL"面板,勾选"使用硬件加速",如图 1-25 所示。OpenGL 是众多游戏和应用程序进行三维实时渲染的工业标准,在 SketchUp 中主要用于渲染内建的即时模型,是通过显卡中 GPU(图形处理器)来分担 CPU 的 OpenGL 运算,当前主流 NVIDIA 系列独立显卡配置均能很好地兼容 OpenGL,因此建议勾选"使用硬件加速",如果

图 1-23

### 1.3.3 SketchUp 2015 的模板设置

在使用 SketchUp 之前,需要依据不同的应用方向对软件的单位、边线、阴影等参数进行一系列的初始设置,并可将设置好的参数保存为模板,下次使用时就无须重复设置,从而提高工作

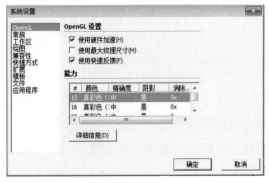

图 1-25

出现 16 位色坐标消失、实线变虚线、SketchUp 软件卡死崩溃等现象，表明电脑硬件不能完全兼容 OpenGL，可将此选项勾选取消。

（3）执行“窗口—系统设置”菜单命令，打开“系统设置”面板，进入“常规”面板，勾选“自动保存”选项，并对后面的数值进行设置，如图 1－26 所示。SketchUp 具备文件自动保存功能，能在一定程度上挽回意外事件下（如断电、死机等）用户的工作进度，但 SketchUp 自动保存时会占用一定的系统资源，此时软件会出现短暂的卡滞现象，因此自动保存的周期不能间隔太短，太长不利于及时保存文件，因此需要依据用户的使用习惯寻找一个合适的平衡点，笔者建议自动保存时间间隔设置为 10～20 分钟为宜，笔者还是建议用户养成定时手动保存文件的习惯；其次，如果打开的文件没有保存过，而自动保存功能又处于开启状态，那么系统会以阿拉伯数字由小到大对文件进行保存，不利于用户判断也显得十分杂乱，因此建议用户在新项目进行制作时对文件进行命名保存，然后再进行后续操作。SketchUp 也能在模型创建过程中对模型存在的问题进行自动检查和修正，但如果问题 SketchUp 无法进行修正解决时，SketchUp 软件很有可能会崩溃，因此“在发现问题时自动修正”选项不建议勾选。

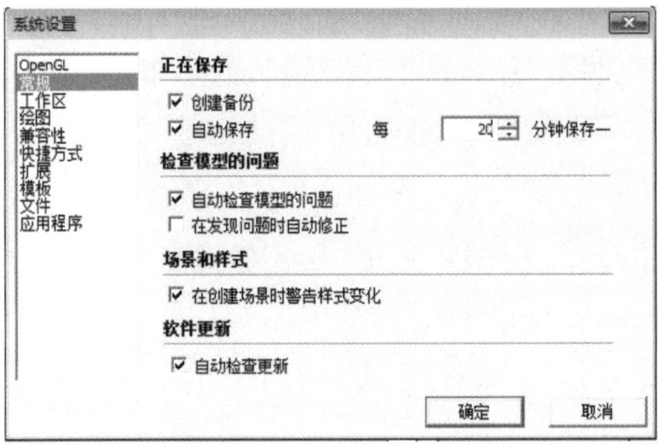
系统设置
OpenGL
常规
工作区
绘图
兼容性
快捷方式
扩展
模板
文件
应用程序
正在保存
创建备份
自动保存
每
分钟保存一
检查模型的问题
自动检查模型的问题
在发现问题时自动修正
场景和样式
在创建场景时警告样式变化
软件更新
自动检查更新
确定
取消

图 1－26

（4）执行“窗口—样式”菜单命令，打开“样式”面板，进入“编辑”选项卡，在“边线设置”中仅保留“边线”参数勾选，如图 1－27 所示。此设置仅保留物体的边线显示，其余如物体背面轮廓线、轮廓线加粗、轮廓线向外延长等对于制作过程意义不大，可在制作结束后依据设计需要进行单独设置，有助于在模型制作过程中提高显示速度。

（5）执行“窗口—阴影”菜单命令，打开“阴影设置”面板，取消“在地面上”显示选项，如图 1－28 所示。勾选“在地面上”显示阴影，阴影除了投射在模型面上，还将投射在 SketchUp 系统设置的地面上，极有可能产生重复投影效果，除了效果不真实外还将拖慢操作速度，因此不勾选该参数。

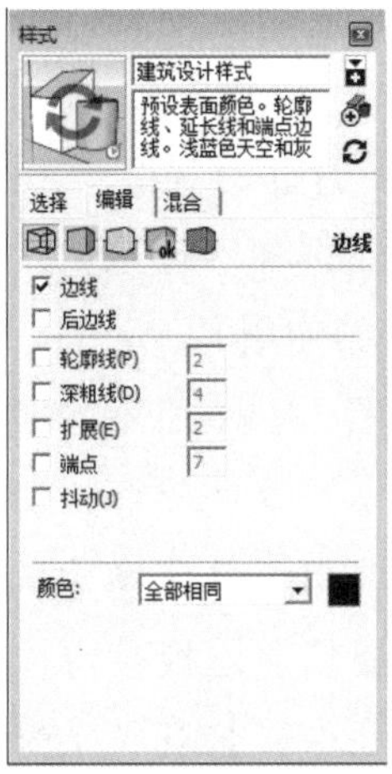
样式
建筑设计样式
预设表面颜色。轮廓线、延长线和端点边线。浅蓝色天空和灰
选择
编辑
混合
边线
边线
后边线
轮廓线(P)
深粗线(D)
扩展(E)
端点
抖动(J)
颜色:
全部相同

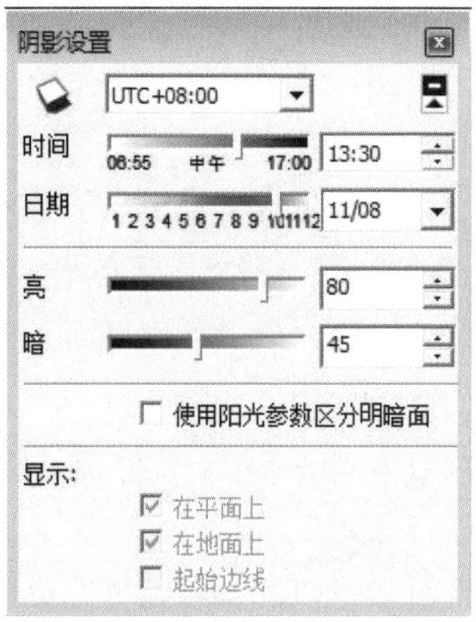
阴影设置
UTC+08:00
时间
06:55
中午
17:00
13:30
日期
1 2 3 4 5 6 7 8 9 10 11 12
11/08
亮
80
暗
45
使用阳光参数区分明暗面
显示:
在平面上
在地面上
起始边线

图 1－27　　图 1－28

（6）初始设置已经完成，可对模板进行保存，执行“文件—另存为模板”菜单命令，如图 1－29 所示，可以“环境艺术设计模板”进行命名，如图 1－30 所示。

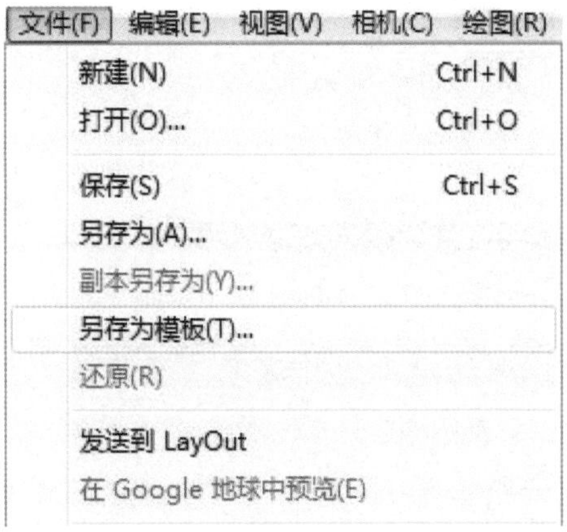
文件(F)
编辑(E)
视图(V)
相机(C)
绘图(R)
新建(N)
Ctrl+N
打开(O)...
Ctrl+O
保存(S)
Ctrl+S
另存为(A)...
副本另存为(Y)...
另存为模板(T)...
还原(R)
发送到 LayOut
在 Google 地球中预览(E)

图 1－29

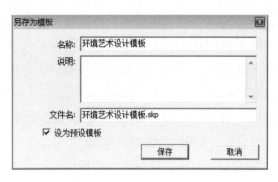

图 1 - 30

（7）将保存的文件移动到 SketchUp 安装路径中的 Templates 文件内，默认安装路径为，如果用户将 SketchUp 安装到其他盘，只需将 C 更换为对应盘符即可。

（8）重新启动 SketchUp 软件进入欢迎界面，首先取消左下角"始终在启动时显示"勾选，其次进入"模板"下拉按钮选择"环境艺术设计模板"，最后即可单击"开始使用 SketchUp"按钮，进入软件操作界面，如图 1 - 31 所示。因为已经取消"始终在启动时显示"欢迎界面，每次打开 SketchUp 软件都是直接调用"环境艺术设计模板"，如果用户需要选择其他模板，可以执行"窗口—系统设置"菜单命令，打开"系统设置"面板，进入"模板"面板进行其他模板的选择。

图 1 - 31

注：经过以上操作选定"环境艺术设计模板"，进入 SketchUp 工作界面后直接调用"环境艺术设计模板"，在后续章节中如果没有特别说明，使用的都是该模板，室内方案表现部分尺寸数据使用的都是毫米，不再进行单位说明。

### 1.3.4 SketchUp 2015 的快捷键设置

用户可以通过执行"窗口—系统设置"菜单命令，打开"系统设置"面板，进入"快捷方式"面板，对操作快捷键进行设置，如图 1 - 32 所示。用户可以通过"过滤器"和"功能"滑块来搜索和查找需要设置的命令，通过"＋"和"－"来指定和删除快捷键设置。用户可以依据个人操作习惯来对常用快捷键进行设定，并通过导入和导出对设置好的快捷键进行保存和调入。

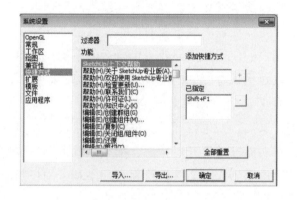

图 1 - 32

## 1.4  SketchUp 软件的基本操作

### 1.4.1  视图基本操作

区别于 3ds max 等三维软件多视图操作，如图 1 - 33 所示，SketchUp 仅有单一视图操作，如图 1 - 34 所示。SketchUp 的模型创建和观察都需要通过视图来完成，因此我们需要掌握 SketchUp 视图的基本操作，主要包括视图旋转、视图平移、视图缩放、视图的还原和视图的切换。

视图旋转：用户可通过"相机"工具栏（如图 1 - 35 所示）中"环绕观察"工具来对视图进行旋转操作，具体操作方法为按住鼠标左键不放并拖拽即可；用户还可通过按住鼠标中键不放并进行拖拽的快捷键方式对视图进行旋转操作，

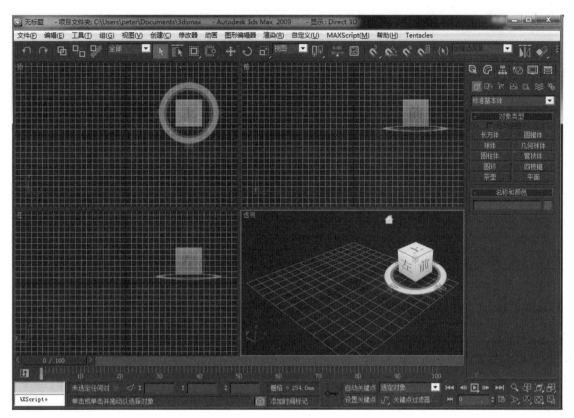

图 1 - 33

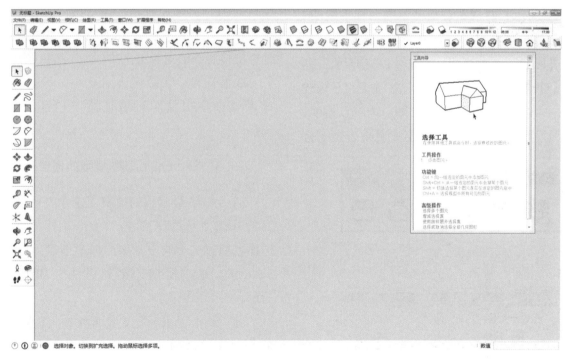

图 1 - 34

需要注意的是，按住 Ctrl 键能使视图上下旋转更为容易控制，左右旋转则容易产生倾斜变形效果。

图 1 - 35

视图平移：用户可通过"相机"工具栏中"平移"工具 来对视图进行平移操作，具体操作方法为按住鼠标左键不放并拖拽即可；用户还可通过按住 Shift 键配合鼠标中键进行拖拽的快捷键组合方式对视图进行平移操作。

视图缩放：用户可通过"相机"工具栏中"缩放"工具 来对视图进行动态放大和缩小操作，具体操作方法为按住鼠标左键不放并上下拖拽即可；用户还可通过按住鼠标滚轮前后滚动快捷键方式对视图进行动态缩放操作；用户可通过"相机"工具栏中"缩放窗口"工具 对视图中选择一个矩形区域放大至全屏显示；用户可通过"相机"工具栏中"充满视窗"工具 对视图中选择的模型局部放大至全屏显示。

视图还原：用户可通过"相机"工具栏中"上一个"工具 来对视图进行撤销或恢复至上一个视野。

视图切换：用户可通过"视图"工具栏（如图 1-36 所示）将视图切换到不同的标准视图。在 SketchUp 中具有"平行投影""透视图"和"两点透视图"三种模式，如图 1-37 所示，其中"平行投影"为轴测图表现形式，主要用于表现正确的平面图和轴测图；"透视图"为三点透视，"透视图"和"两点透视图"模式主要表现正常

图 1-36

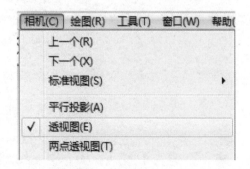

图 1-37

人肉眼观察物体的表现方式，用户可依据实际表现需要合理选择模式进行表现。

### 1.4.2 SketchUp 对象的选择

SketchUp"选择"命令的快捷键是空格键

单击选择：用户可通过"选择命令"或快捷键选择模型的点、线、面、群组或组件等。如果在选择的同时按住 Ctrl 键可进行加选，如果在选择的同时按住 Ctrl + Shift 键可进行减选，如果在选择的同时按住 Shift 键可在加选和减选之间进行切换。

双击选择：用户可通过"选择命令"双击将面相连的边线或者相连的面选中。

三击选择：用户可通过"选择命令"三击将模型对象全部的线和面选中。

全选：快捷键为 Ctrl + A，可选择全部的模型对象。

框选：按住鼠标从左向右拖动，通过一个实线选择框，全部包含在选择框内的对象被选中；按住鼠标从右向左拖动，通过一个虚线选择框，选择框接触到的对象被选中。

取消选择：快捷键为 Ctrl + T，通过空格键或者鼠标单击绘图区域任意空白区也可取消选择。

### 1.4.3 SketchUp 基本模型的创建

SketchUp 最基本的模型创建方法是在二维平面的基础上通过"推/拉"命令生成三维模型，下面就通过一个镂空木架的模型创建，简单了解 SketchUp 基本模型的创建方法，如图 1-38 所示。

（1）单击"矩形"工具 按钮，创建一个矩形，并在"数值输入栏"输入 200×200，如图 1-39 所示（尺寸标注为示意，无须制作）。

（2）单击"推/拉"工具 按钮，将矩形推拉高度 200，完成立方体创建，如图 1-40 所示。

（3）单击"偏移"工具 按钮，在立方体其中一个侧面向内偏移 20，如图 1-41 所示。

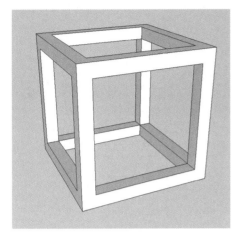

图 1 - 38

图 1 - 39

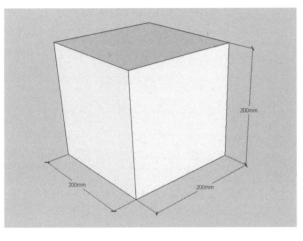

图 1 - 40

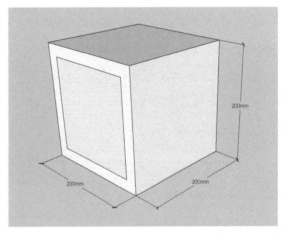

图 1 - 41

（4）单击"推/拉"工具 按钮，将立方体该侧面中的内面向内推拉 200，如图 1 - 42 所示。

"平移"工具 和"环绕观察"工具 ，将立方体另两个侧面向内偏移 20，如图 1 - 43 所示。

（6）单击"推/拉"工具 按钮，将立方体另两个侧面向内推拉 20，并将推拉后的面删除，完成底面镂空制作，如图 1 - 44 所示。

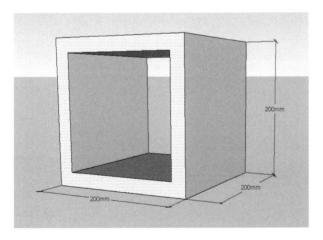

图 1 - 42

（5）单击"偏移"工具 按钮，配合使用

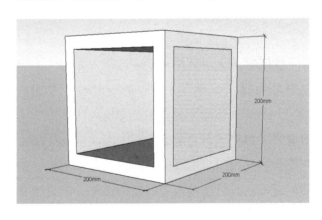

图 1 - 43

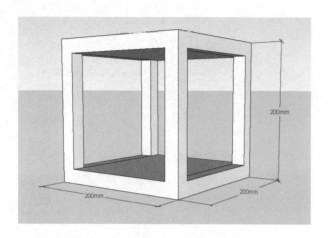

图 1-44

（7）使用"偏移"工具🖉和"推/拉"工具
🖈，配合使用"平移"工具🖐和"环绕观察"工
具🔄将顶部和底部镂空制作完毕，偏移尺寸为
20，制作方法与前述相同，完成如图 1-45 所
示，完成后将场景文件进行保存。

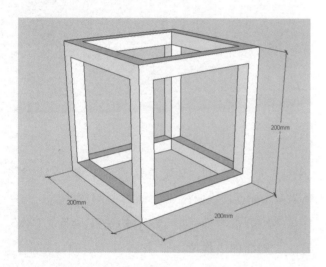

图 1-45

**小结：**

数值输入方法是按长宽坐标输入方式，中间
以逗号间隔，如长宽为 200 的矩形输入方式为
"200，200"，注意需要使用英文输入法状态下使
用逗号；偏移工具可对非曲面的表面以及至少由
两段非共线段组成的线进行向内或向外偏移，偏
移距离可通过数值输入进行精确设定；推拉工具
可将二维物体推拉出高度生成三维物体，也可对
三维物体向内推拉制作镂空效果。

## 第2章　基础阶段：SketchUp 单体模型方案表现

### 2.1　基础图形绘制与编辑工具

#### 2.1.1　创建装饰挂画方案表现

　　照片墙形式的装饰挂画组合作为墙面装饰的重要元素，越来越多地出现在室内设计中，如图2-1所示，接下来我们学习装饰挂画的模型制作，完成图如2-2所示。

图 2-2

图 2-1

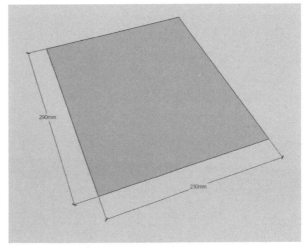

图 2-3

　　（1）使用"直线"工具 ✏ 或"矩形"工具 ▱ ，绘制一个 290×230 的矩形，如图 2-3 所示。

（2）使用"推拉"工具 ⬦，将刚绘制的矩形向上推拉15的高度，如图2-4所示。

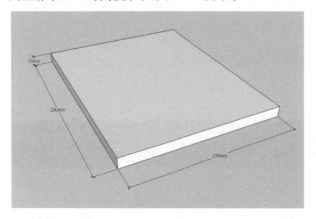

图2-4

（3）使用"偏移"工具 ⬲，将刚创建的立方体上表面向内偏移20，如图2-5所示。

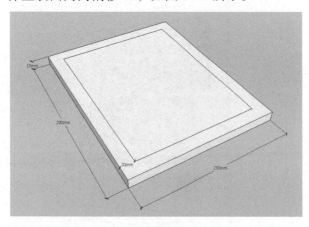

图2-5

（4）使用"推拉"工具 ⬦，将分割面向内推入10，如图2-6所示。

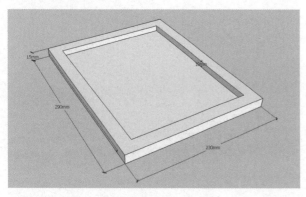

图2-6

（5）Ctrl＋A选择全部模型，使用"旋转"工具 🗘，以装饰挂画模型左下角为旋转基点，将

完成的对象顺时针旋转90°，如图2-7、图2-8所示，完成后将场景文件进行保存。

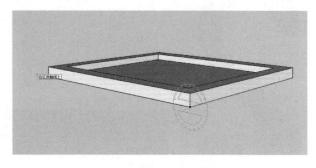

图2-7

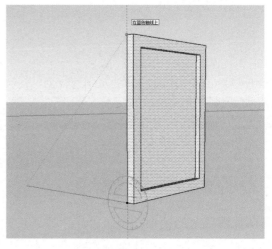

图2-8

注：本案例为模型赋予了材质贴图，材质贴图制作方法在本书后续章节中进行详细讲解，有兴趣的读者可跳转至该章节提前学习，使用本案例素材，完成最终效果。

小结：

本案例使用了"直线""矩形""推拉""偏移""旋转"等绘图及编辑工具完成了一个简单的装饰挂画模型制作，下面对本案例所涉及的绘图及编辑工具进行深入讲解，达到巩固和提高的目的。

◆ 直线工具 ✏

直线工具可以绘制单段线条、多段连续线和封闭的面，在实际操作中直线一般用于分割面与修补破面。SketchUp可以通过鼠标直接绘制和指定长度的方法来确定直线长度与位置，在使用鼠标绘制直线时，可通过键盘上的方向键来锁定绘制轴向，其中向右键为锁定 X 轴（红色轴线）如图 2-9 所示、向左键为锁定 Y 轴（绿色轴线）如图 2-10 所示、向上键为锁定 Z 轴（蓝色轴线）如图 2-11 所示。使用数值输入方法绘制直线时，除了直接输入长度外，还可通过输入终点

坐标来完成，输入 [X，Y，Z] 为绝对坐标，输入 <X，Y，Z> 为相对坐标；SketchUp 所有基础绘图工具都有强大的自动捕捉与对齐表面的功能，因此在 SketchUp 中大部分操作都可在透视图中完成。

◆ **矩形工具**

矩形工具用于在场景中绘制一个二维矩形面，可以通过鼠标直接绘制和指定对角点位置的方法来确定（注：数值输入默认为系统设置单位，也可在数值后方加入单位，如系统单位设置为毫米时需输入 1 米长度，可直接输入 1000 也可输入 1m）。启动 SketchUp 在默认状态下创建的矩形为对齐 XY 平面，即"躺"在地面上的矩形，如图 2-12 所示，也可通过旋转视图创建对齐 XZ、YZ 平面的立面矩形，如图 2-13 所示；如果场景中有立方体等三维模型，还可创建对齐模型表面的矩形，实际操作中常用此方法制作门洞、窗洞等模型，如图 2-14 所示。

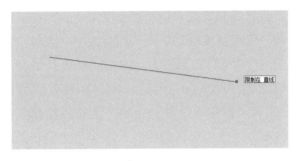

图 2-9

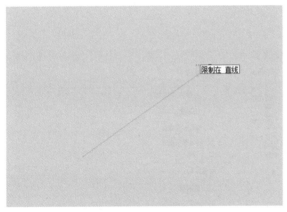

图 2-10

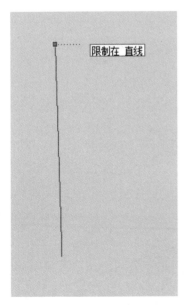

图 2-11

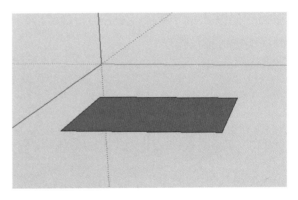

图 2-12

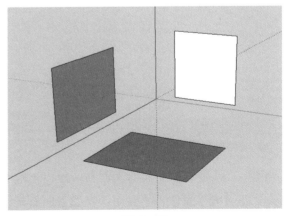

图 2-13

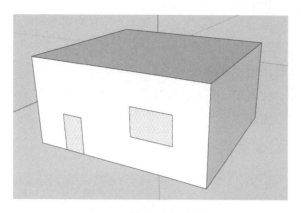

图 2 - 14

◆ **推拉工具** 

推/拉工具主要用于调整模型表面的高度，是 SketchUp 中将二维面转换为三维模型的最重要工具（注：该工具操作对象是面，如果在"线框模式"下该工具失效），可通过鼠标移动到需要调整模型面上方单击操作或通过数值输入的方法来完成。如果需要重复上一次推拉操作且推拉尺寸相同，可直接在模型面上双击，模型表面会推拉相同的高度；配合 Ctrl 键可推拉出一个新的模型面，如图 2 - 15 所示；配合 Alt 键可沿模型表面法线进行推拉操作。

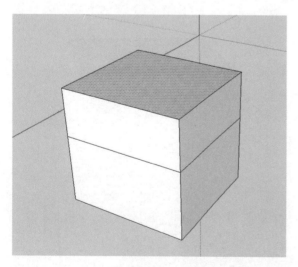

图 2 - 15

◆ **偏移工具** 

偏移工具是对非曲面的表面和两段以上非共线线段进行偏移操作，主要用于模型表面有规律的分割快捷操作，如四周型吊顶、模型四周厚度

制作等。操作非常简单，可用鼠标拖动和数值输入方法精确操作。（注：线的偏移须保证两段线共面且彼此连接）

◆ **旋转工具** 

旋转工具主要用于调整模型及附属物的角度。旋转操作需要确定旋转的中心、旋转的轴心、旋转的起始线和旋转的角度来完成操作，可借助"启用角度捕捉"提高捕捉效率（窗口—模型信息—单位），如图 2 - 16 所示；默认情况下是以 Z 轴为旋转的轴心（旋转参考平面为蓝色），可依据实际需要通过视图旋转或拖拽鼠标左键等方法改变旋转的轴心，以 X 轴为旋转的轴心时旋转参考平面为红色，如图 2 - 17 所示，以 Y 轴为旋转的轴心时旋转参考平面为绿色，如图 2 - 18 所示。

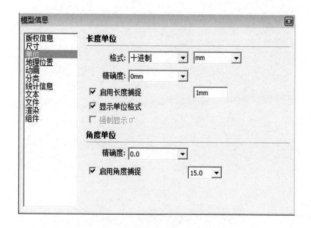

图 2 - 16

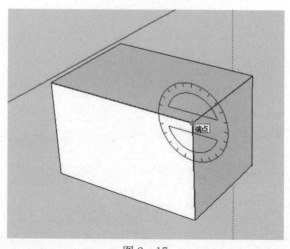

图 2 - 17

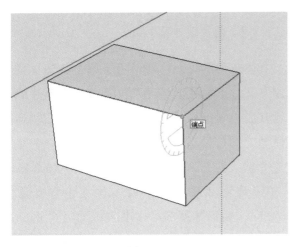

图 2-18

在装饰挂画案例中，我们需要将"躺"着的挂画如图 2-19 所示，模型旋转成竖向挂在墙面的效果，如图 2-20 所示。首先需要将旋转中心心确定在模型的左下角，如图 2-21 所示，再将旋转的轴心确定为 Y 轴（绿色），如图 2-22 所示，再通过自动捕捉沿着模型轮廓线确定旋转的起始线，如图 2-23 所示，最后通过自动捕捉或角度输入的方法完成旋转操作。建议各位读者首先依据模型现所处的角度和最后结果来反推旋转方法，这样旋转命令的操作会更易上手。如图 2-24 所示模型的 Y 轴处在未知角度，我们需要将其转正（对齐 Y 轴），此时可通过确定旋转中心为模型左下角，旋转轴心为 Z 轴（蓝色），旋转起始线对齐模型轮廓的短边，如图 2-25 所示，最后通过旋转对齐 Y 轴（绿色）结束，如图 2-26 所示。旋转前按 Ctrl 键可在旋转对象的同时复制对象，如图 2-27 所示。

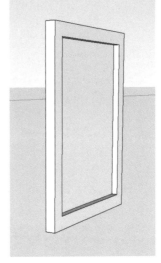

图 2-20

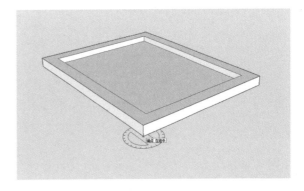

图 2-21

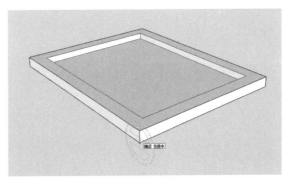

图 2-22

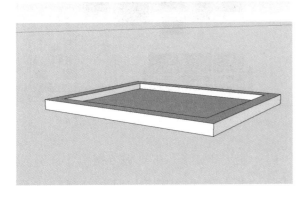

图 2-19

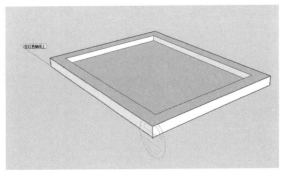

图 2-23

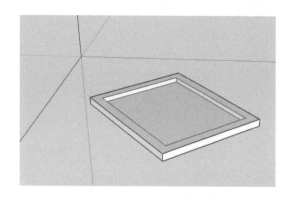

图 2-24

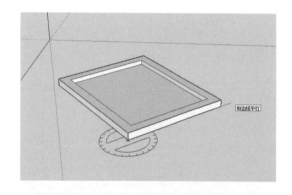

图 2-25

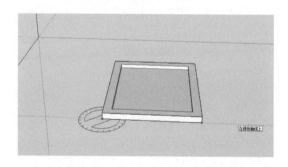

图 2-26

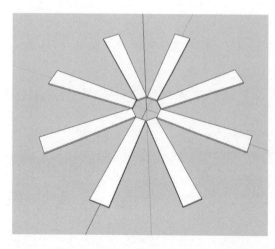

图 2-27

### 2.1.2　照片墙方案表现

　　上一个案例我们已经学习了单个装饰挂画的创建方法，下面我们学习装饰挂画组合照片墙的创建方法，制作如图 2-28 所示的照片墙装饰挂画模型。图中共有 11 幅装饰挂画，其中 7 寸照片为 5 横 3 竖排列，尺寸包含画框为 157×208，10 寸照片为 2 横 1 竖排列，尺寸包含画框为 233×284，相框厚度 20，相框与相框之间的间距为 50。照片墙采用水平垂直对齐方式进行排列组合，具体见图 2-29 所示，对于相同尺寸的装饰挂画，我们无须重复创建，可使用移动复制的方法快速创建，提高工作效率，具体操作方法如下：

图 2-28

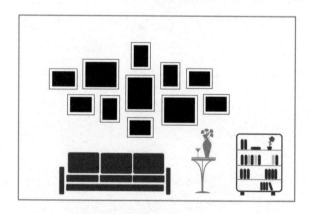

图 2-29

　　（1）使用"矩形"工具▨依据尺寸分别创建一个 7 寸相框和 10 寸相框，使用"推拉"工具◈将其向上推拉 20，再使用"偏移"工具◌选择模型上表面向内偏移 15，将分割出来的表面使用"推拉"工具◆向内推拉 15，如图 2-30 所示。

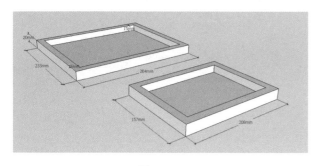

图 2-30

（2）使用"选择"工具▶，三击其中一个模型，将其全选，右键选择"创建群组"选项，如图 2-31 所示，并使用相同的方法将另外一个模型也创建群组，创建群组的目的是将独立属性的模型创建为一个整体，防止与其他模型直接发生粘连，方便对模型进行管理，此时照片墙原始模型已经创建完成，其余挂画模型都由其复制而来。

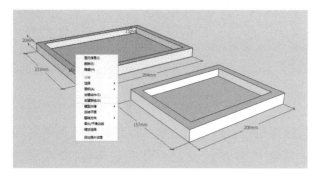

图 2-31

（3）由于创建了群组，此时使用"选择"工具▶单击目标对象即可选中，此案例我们先从照片墙中间竖向中线三幅挂画开始，再将两侧挂画制作完成。首先使用"选择"工具▶选择 10 寸相框模型，再使用"移动"工具❖，按下"Ctrl"键，此时光标右侧会出现一个 + 号，按键盘方向左键锁定 Y 轴（绿色）将 10 寸挂画向右侧复制一副，如图 2-32 所示，注意复制距离要预留足够，再使用旋转工具沿 Z 轴（蓝色）旋转90°，如图 2-33 所示。

图 2-32

图 2-33

（4）使用"选择"工具▶选择 7 寸相框模型，使用上述方法将其向右复制一个，如图 2-34 所示。

图 2-34

（5）选择刚复制的 7 寸相框模型，使用"移动"工具❖，以相框模型上方中点作为起始点，如图 2-35 所示，将其移动对齐到 10 寸相框模型下方的中点，如图 2-36 所示，再次使用"移动"工具❖，按下键盘右键锁定 X 轴（红色），将其向下移动 50，如图 2-37 所示。

图 2-35

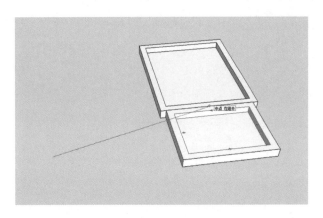

图 2 - 36

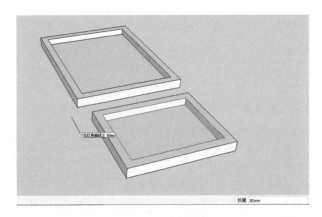

图 2 - 37

（6）选择刚复制的 7 寸相框模型，锁定 X 轴向上方再次复制一个，并使用"旋转"工具 ⟳ 沿 Z 轴旋转 90°，如图 2 - 38 所示。

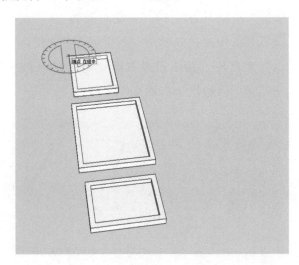

图 2 - 38

（7）使用"移动"工具 ✥，以复制的 7 寸相框模型下方中点为起始点，将其对齐到 10 寸相框模型上方中点，按键盘方向右键，锁定 X 轴将

其向上移动 50，如图 2 - 39 所示，完成照片墙竖向中线三幅挂画模型制作。

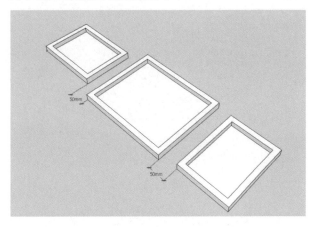

图 2 - 39

（8）接下来我们依据图示制作左侧挂画模型，先选择原始模型中 10 寸挂画模型，将其沿 Y 轴向右复制一副，如图 2 - 40 所示。

图 2 - 40

（9）使用"移动"工具 ✥，以复制的 10 寸挂画模型右下点为起始点，将其对中间齐竖向 10 寸挂画模型左侧中点，并锁定 Y 轴向左移动 50，锁定 X 轴向上移动 25，如图 2 - 41、图 2 - 42 所示。

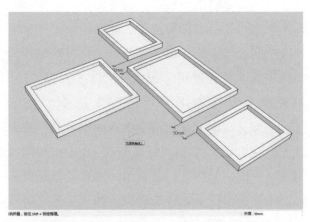

图 2 - 41

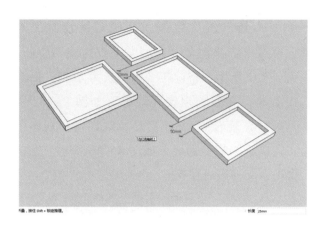

图 2-42

（10）复制一个竖向 7 寸挂画模型，以其右上点为起始点，将其对齐中间竖向 10 寸挂画模型左侧中点，并锁定 Y 轴向左移动 50，锁定 X 轴向下移动 25，如图 2-43 所示。

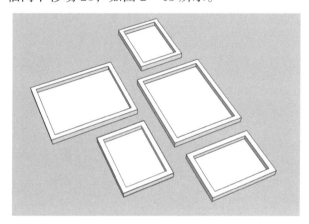

图 2-43

（11）复制一个横向 7 寸挂画模型，以其右上点为起始点，将其对齐刚制作完成的竖向 7 寸挂画模型的左上点，并锁定 Y 轴向左移动 50，如图 2-44 所示。

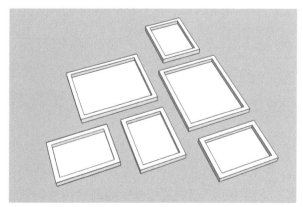

图 2-44

（12）复制一个横向 7 寸挂画模型，以其右上点为起始点，将其对齐刚制作完成的竖向 7 寸挂画模型的左上点，并锁定 Y 轴向左移动 50，如图 2-45 所示，完成照片墙左侧挂画模型制作。

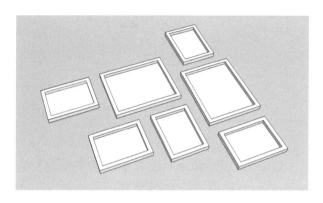

图 2-45

（13）使用"选择"工具，按住"Ctrl"键将左侧四副挂画模型一并选择，右键创建群组，如图 2-46 所示。

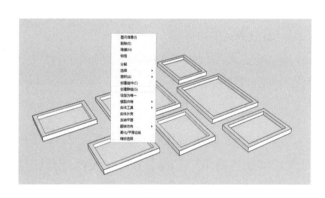

图 2-46

（14）将群组模型锁定 Y 轴向右复制一份，使用旋转工具沿 Z 轴旋转 180°，如图 2-47 所示。

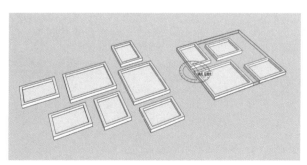

图 2-47

（15）使用"移动"工具✥，以群组模型中横向 10 寸挂画模型左上点为起始点，将其对齐竖向 10 寸挂画右侧中点，如图 2-48 所示。

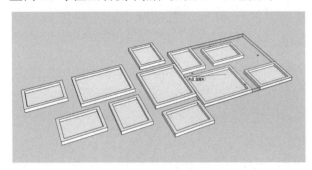

图 2-48

（16）使用"移动"工具✥，将群组模型锁定 Y 轴向右移动 50，锁定 X 轴向下移动 25，完成照片墙整体模型创建，如图 2-49 所示，最后删除 7 寸和 10 寸两幅原始模型。

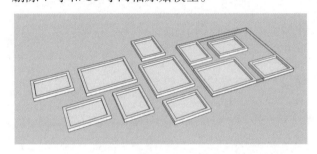

图 2-49

（17）由于初始创建在 XY 平面，因此现在的照片墙整体模型是"躺"着的，需要将其调整为竖向，先使用"选择"工具🔍将所有模型选择，右键将其创建为组件（快捷键 G），将组建名称改为"照片墙"，勾选"用组建替换选择内容"，如图 2-50 所示。

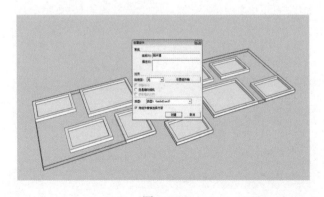

图 2-50

（18）选择组件模型，使用"旋转"工具🔄，以最下方横向 7 寸模型左下点为旋转中心，如图 2-51 所示，将旋转平面切换为 Y 轴，沿画框边沿捕捉端点确定旋转轴心，如图 2-52 所示，顺时针旋转 90°并使用环绕观察调整观察角度，完成最终模型创建，如图 2-53 所示，完成后将场景文件进行保存。

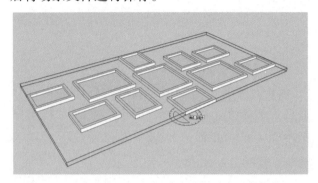

图 2-51

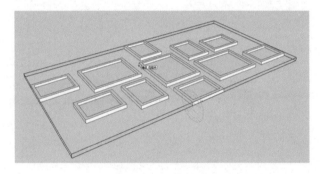

图 2-52

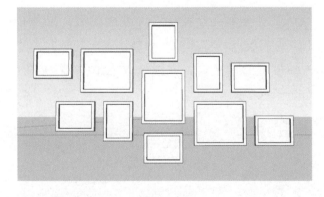

图 2-53

小结：

本案例在上一案例基础上使用了"移动和复制""创建群组""创建组件"等新绘图及编辑工具完成了装饰挂画照片墙模型制作，下面对本案

例所涉及的绘图及编辑工具进行深入讲解，达到
巩固和提高的目的。

◆ **物体的移动和复制**

移动工具可通过鼠标确定移动起始点和结束
点完成物体位置的移动操作，还可通过数值输入
来精确移动距离；移动工具在实际操作中除了移
动物体位置外还用于借助其他物体位置进行移动
对齐操作，如图 2－54 所示中立方体需沿 X 轴与
长方体中点对齐，具体操作为先使用移动工具选
择立方体 X 轴向上中点作为起始点，再水平向右
沿 X 轴向移动，并配合按下 Shift 键不动锁定移
动轴向，此时此轴向参考线会加粗显示，通过捕
捉长方体 X 轴向的中点作为结束点完成移动操
作，如图 2－55 所示；在移动物体的同时可按下
Ctrl 键对对象进行移动复制操作，还可在移动复
制操作完成后在数值输入栏输入"数字 x"完成
等距复制操作，如图 2－56、图 2－57 所示，在
移动复制操作完成后在数值输入栏输入"数
字/"完成移动距离内等距均分复制操作，如图
2－58、图 2－59 所示。

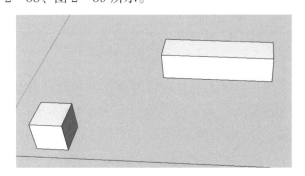

图 2－54

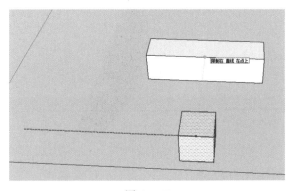

图 2－55

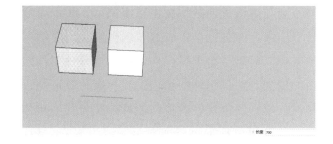

图 2－56

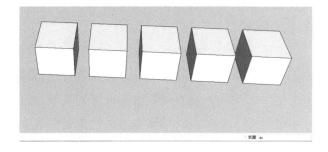

图 2－57

图 2－58

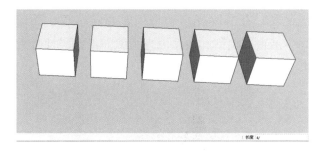

图 2－59

◆ **创建群组和创建组件**

群组作为 Sketchup 对于模型管理的一个重要
工具，在创建较为复杂的整体模型时能起到非常
重要的作用，方便对于模型分类管理，有效提高
工作效率。群组顾名思义就是对多个单体模型进
行组合操作，使之成为一个整体，可对群组对象
进行整体移动、旋转、缩放等操作，群组后的模

型不会与群组外的模型发生粘连关系，我们可通过双击鼠标左键或单击右键"编辑组"来对群组内的单体模型进行编辑操作，编辑组只针对群组内的模型，对群组外的模型无效，能有效避免误操作。对已经创建好的群组还可再次与其他单体模型或群组创建一个新的群组，成为嵌套群组，对于比较复杂的物体可通过嵌套群组来实现有效的管理。最后群组还可通过鼠标右键"分解组"来讲群组解散。

组件与群组功能类似，也可将一个或多个模型创建为一个整体，除此之外，组件有着比群组更为强大的功能：首先复制组件可得到关联的复制对象，进入组件内对单体模型进行编辑，其余复制组件对应单体模型也会随之一起发生改变；其次组件创建完成后会在对应的组件面板生成预览图，方便观察及保存，还可将组件的场景文件单独保存至安装路径下的 Components 文件夹内，可随时调用。

### 2.1.3　装饰花瓶方案表现

本案例我们学习装饰花瓶的制作方法，如图 2-60 所示，在环境艺术设计中会类似圆柱形的模型创建都会采用路径跟随的建模方法也称为放样建模，在实际操作中将用于创建花瓶、踢脚线、吊顶等模型，创建原理为截面沿路径放样成形，完成图如 2-61 所示。

图 2-60

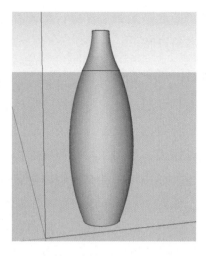

图 2-61

具体操作方法如下：

（1）执行文件—导入，导入本案例素材文件，如图 2-62 所示。

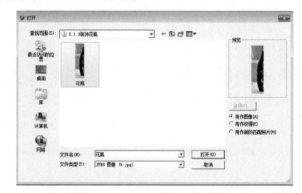

图 2-62

（2）将导入的花瓶参考图左下角对齐原点，在数值输入栏输入图片宽度为 200，如图 2-63 所示。

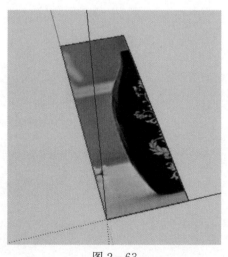

图 2-63

（3）使用"旋转"工具◙以图片左下点为旋转中心，X 轴向为旋转轴线，顺时针旋转 90°，如图 2−64 所示。

图 2−64

（4）使用"直线"工具✐锁定 X 轴绘制瓶口与瓶底的轮廓线，如图 2−65 所示。

图 2−65

（5）使用"起点、终点和凸起部分绘制圆弧"工具⬗捕捉直线端点沿参考图绘制花瓶两段圆弧轮廓，如图 2−66 所示。

（6）使用"偏移"工具⬦，将花瓶轮廓向内偏移 5，制作花瓶厚度，使用"直线"工具✐将花瓶底部轮廓补齐，将顶部多余线删除，如图 2−67 所示。

图 2−66

图 2−67

（7）使用"直线"工具✐，捕捉花瓶顶部外轮廓端点沿 X 轴绘制一条直线，捕捉花瓶顶部内轮廓端点沿 Z 轴绘制一条直线与之前的直线相交并自动封面，删除多余线，如图 2−68 所示。

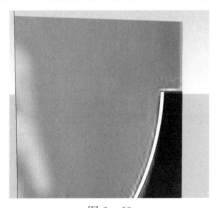

图 2−68

（8）使用"起点、终点和凸起部分绘制圆弧"工具 ，捕捉花瓶顶部厚度两个端点绘制弧形瓶口，删除多余的线，如图 2-69 所示。

图 2-69

（9）选择参考图片，右键将其隐藏，如图 2-70 所示。

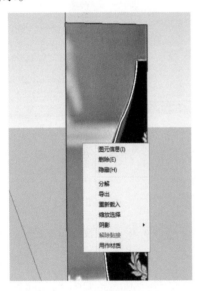

图 2-70

（10）使用"圆"工具 ，选择花瓶底部轮廓右下角为圆心，底部长度为半径沿 Z 轴绘制一个圆，删除圆的面，如图 2-71 所示。

（11）选择圆，再使用"路径跟随"工具 选择花瓶轮廓面，完成花瓶制作，如图 2-72 所示。

（12）将花瓶移动复制一个，使用"缩放"工具 ，选择缩放控制夹点中左后夹点，将复制的花瓶等比缩小，如图 2-73、图 2-74 所示。

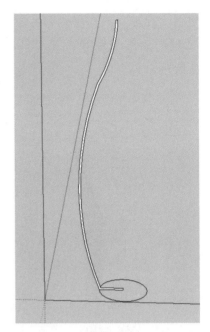

图 2-71

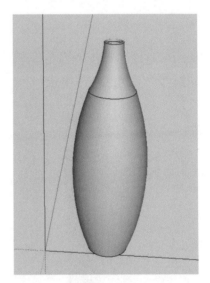

图 2-72

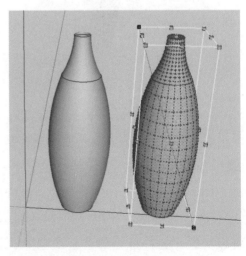

图 2-73

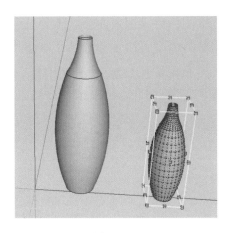

图 2-74

（13）使用"缩放"工具 ▣，选择缩放控制夹点中左后夹点，按住 Shift 键将花瓶不等比压扁和拉宽缩小，如图 2-75 所示，最终完成图如 2-76 所示，完成后将场景文件保存。

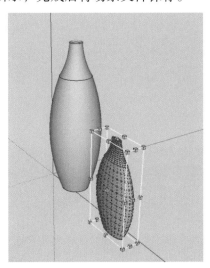

图 2-75

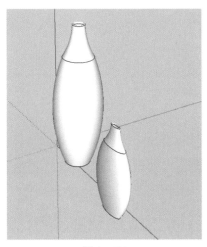

图 2-76

**小结：**

本案例使用了"圆弧""圆""路径跟随""缩放"等新绘图及编辑工具完成了装饰花瓶制作，下面对本案例所涉及的绘图及编辑工具进行深入讲解，达到巩固和提高的目的。

◆ **圆弧工具**

圆弧工具用于绘制圆弧图形，主要有"中心和两点绘制圆弧"工具 ▱、"起点、终点和凸起部分绘制圆弧"工具 ◈、"三点画弧"工具 ◈ 和"扇形"工具 ▱ 四种方式，从字面上很好理解和掌握；其中"起点、终点和凸起部分绘制圆弧"方式最为常用，可以通过鼠标确定圆弧两个端点，再通过鼠标确定圆弧所在轴向，如图 2-77 所示，还可以通过数值输入确定弧高，如图 2-78 所示输入数值为 200 效果，数值"半径数值 R"由圆弧所在圆的半径确定圆弧形状，如图 2-79、图 2-80 所示，最后可以通过自动捕捉功能绘制多种切线的圆弧，其余绘制圆弧的命令可参考"起点、终点和凸起部分绘制圆弧"。

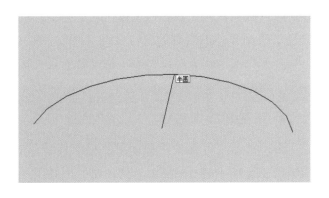

图 2-77

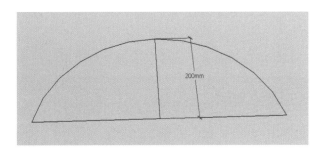

图 2-78

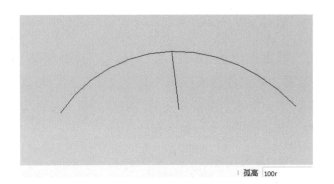

图 2-79

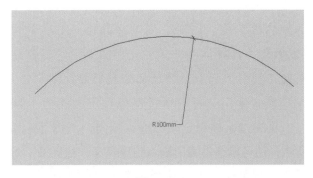

图 2-80

◆ **圆工具** 

圆工具用于绘制圆形,通过鼠标单击指定圆心,通过数值输入或者拖拽鼠标的方法确定圆的半径来绘制圆,默认圆的分段数为 32 段,如果想得到更光滑的圆形可以在半径确定后输入"数字 S"并按回车键来调整分段数。

◆ **路径跟随工具**

路径跟随工具是使用截面沿路径放样成形,用于创建有规律的复杂图形。使用路径跟随工具创建模型需要注意以下几点:

(1)截面与路径必须是互相垂直关系;

(2)要注意截面与路径的位置不同,生成的模型大小会有区别,如图 2-81、图 2-82 所示,路径和截面大小一致,但截面位置不同,生成的模型大小也不同;

(3)要避免路径边线与截面边线相交,生成的模型在相交处会产生多余的边线;

(4)路径跟随工具产生的模型表面通常是以蓝灰色显示,此时显示的是模型表面的反面,导

入其他三维软件后模型表面会以黑色显示且不能渲染,需要将模型表面全部选择,右键"反转平面",使其表面呈白色显示才是模型表面的正面,如图 2-83、图 2-84 所示。

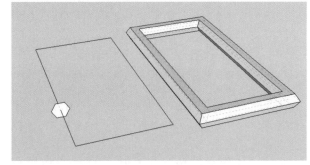

图 2-81

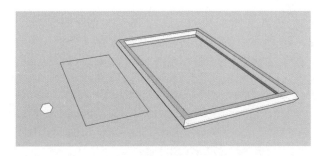

图 2-82

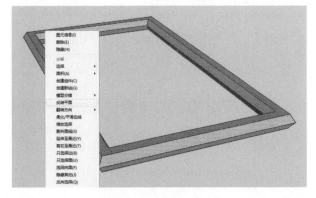

图 2-83

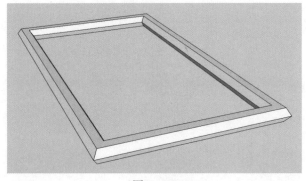

图 2-84

◆ **缩放工具**

缩放工具用于对模型的放大和缩小操作。

① 夹点操作

选择模型执行缩放工具后会出现缩放控制器，可通过鼠标控制缩放控制夹点来对对象进行放大和缩小操作。

对角夹点：选择对角夹点可以让对象进行三个轴向等比缩放操作，如图 2-85 所示；

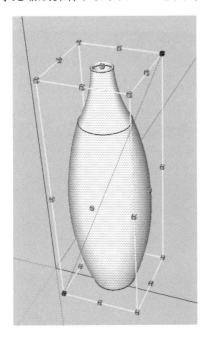

图 2-85

边线夹点：选择边线夹点可以让对象进行两个轴向缩放操作，如图 2-86 所示；

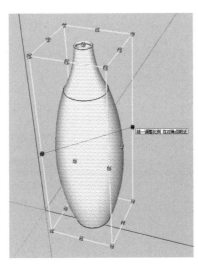

图 2-86

表面夹点：选择表面夹点可以让对象进行单个轴向缩放操作，如图 2-87 所示。

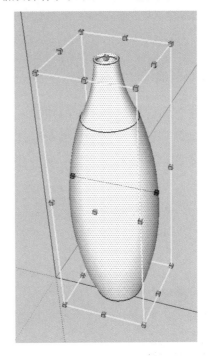

图 2-87

② 数值输入操作

输入缩放比例时可直接输入正负数字、输入缩放后所需的尺寸长度和 X 轴倍数，Y 轴倍数，Z 轴倍数来确定三个轴向的缩放比例，通过以上三种数值输入方法来对对象进行精确缩放操作。

③ 快捷键操作

Ctrl 键：缩放同时配合按住 Ctrl 键将锁定模型中心进行缩放操作；

Shift 键：缩放同时配合按住 Shift 键将实现等比缩放与非等比缩放直接的切换；

Ctrl 键 + Shift 键：缩放同时配合按住 Ctrl 键 + Shift 键将实现夹点缩放、中心缩放和中心非等比缩放直接的切换。

◆ **镜像物体**

缩放工具还可实现物体镜像操作，配合 Ctrl 键还可实现镜像复制操作，任意选择一个夹点，对面夹点所处平面将成为镜像平面，输入"-1"即可完成镜像操作。

## 2.2 Sketchup 辅助建模工具

### 2.2.1 玻璃吊灯方案表现

灯具是室内建模必不可少的构建之一，它的应用范围非常广泛，各种室内场所灯具的应用无处不在，本案例主要制作一款玻璃吊灯，完成图如图 2-88、图 2-89 所示，具体操作方法如下：

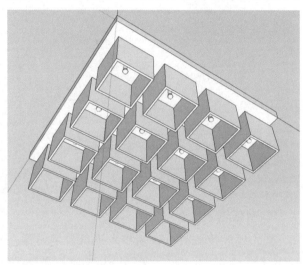

图 2-88

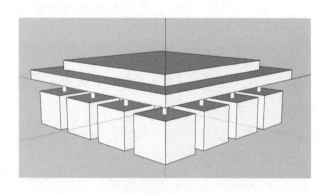

图 2-89

（1）制作吊灯的灯座：使用"矩形"工具▨，绘制 800×800 的矩形，使用"推拉"工具◈将矩形向上推 40 高度，如图 2-90 所示。使用"偏移"工具⋑将长方体顶面向内偏移 100，并将分割的面向上推拉 40，完成灯座的制作，如图 2-91 所示。

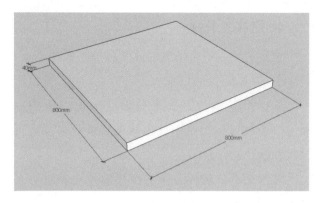

图 2-90

（2）制作玻璃灯罩：使用"矩形"工具▨，绘制 150×150 的矩形，向上推拉 140 高度，如图 2-92 所示；将底面向内偏移 8，并将分割的面向上推拉 130，如图 2-93 所示；制作完成后右键将灯罩模型创建为一个群组，如图 2-94 所示。

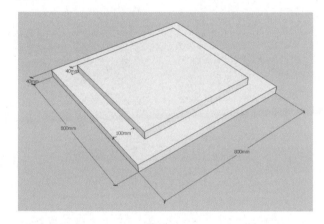

图 2-91

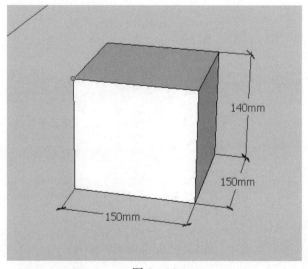

图 2-92

面，执行右键"反转平面"，使用移动工具将球体对齐挂件下方，如图 2-99 所示；制作完成后将吊灯挂件创建为一个群组，如图 2-100 所示。

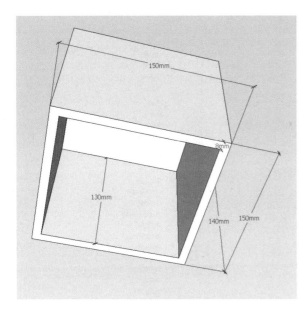

图 2-93

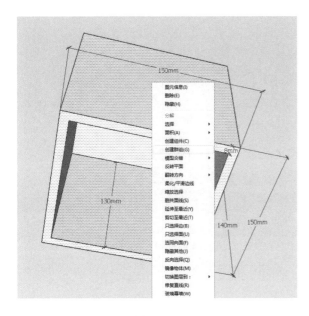

图 2-94

（3）制作吊灯挂件：绘制一个半径为 8 的圆，将其向上推拉 100，如图 2-95 所示；制作灯泡球体，在水平面绘制一个半径为 10 的圆并删除面，如图 2-96 所示；在立面绘制同样大小的圆，使用"直线"工具✎绘制该圆的直径，删除一侧线与面，如图 2-97 所示；使用"移动"工具❖捕捉其中一圆的圆心（可使用辅助线捕捉）对齐另一圆的圆心，如图 2-98 所示；选择水平圆对象，使用"路径跟随"工具✄选择半圆面，完成灯泡球体模型制作，如果表面显示为反

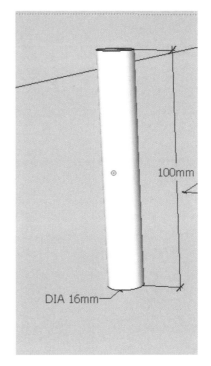

图 2-95

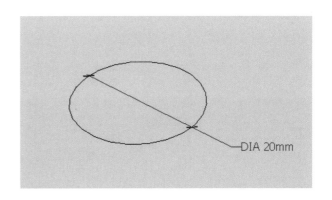

图 2-96

图 2-97

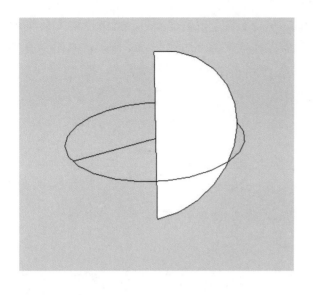

图 2-98

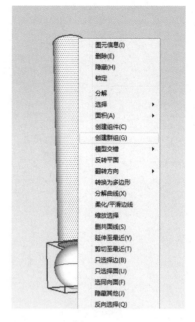

图 2-100

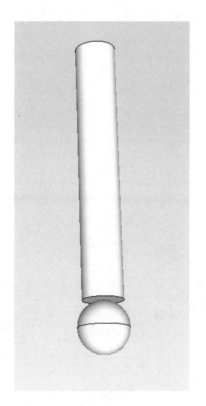

图 2-99

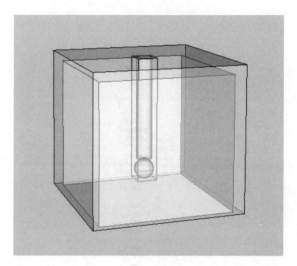

图 2-101

（4）对齐玻璃吊件：开启"样式"工具栏中
"X 光透视模式" ，使用"移动"工具 将
吊灯挂件顶部中心对齐玻璃灯罩顶部中心，如图
2-101 所示；选择灯泡挂件群组，将其沿 Z 轴向
上移动 50，完成单个玻璃挂件制作；将玻璃灯罩
和吊灯挂件整体创建一个嵌套群组，如图 2-102
所示。

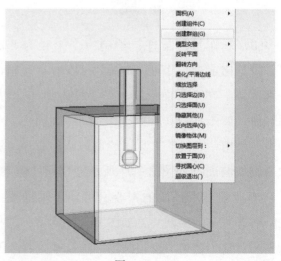

图 2-102

（5）完成玻璃吊灯模型：使用"卷尺"工具
![icon]，锁定各自轴向，分别沿灯座底面四周轮廓向内100创建引导线，得到四个引导点，如图2-103所示；捕捉玻璃整体挂件群组顶部中点，将玻璃挂件整体群组移动对齐到其中一个引导点，如图2-104所示；使用"移动"工具![icon]捕捉将玻璃挂件整体群组沿X轴向右复制，对齐到另一个引导点，如图2-105所示；复制完成后在数值输入栏输入"3/"，完成一行玻璃挂件整体群组均分复制，如图2-106所示；使用同样的方法，选择一行玻璃挂件整体群组，将其沿Y轴向下复制到引导点，并在数值输入栏输入"3/"，完成玻璃吊灯全部模型创建，如图2-107所示。

视角，完成玻璃吊灯模型创建，将场景文件进行保存，如图2-108所示。

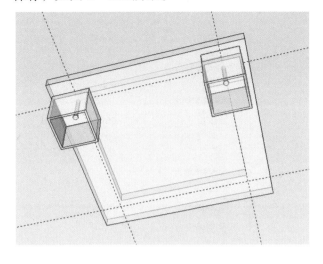

图2-105

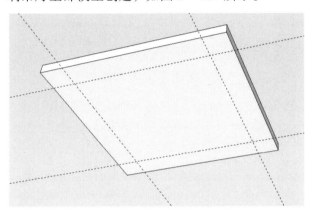

图2-103

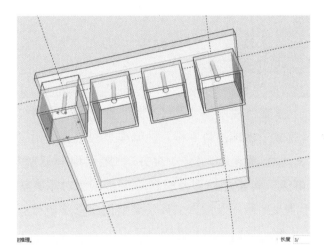

图2-106

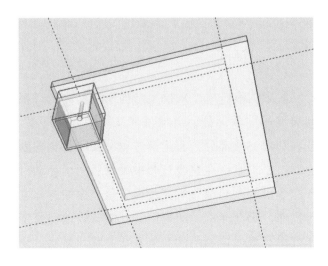

图2-104

（6）调整并保存：执行编辑—删除参考线，将卷尺工具创建的引导线删除，调整合适的观察

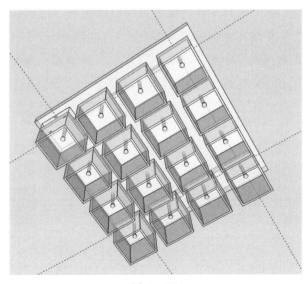

图2-107

图 2-108

**小结：**

本案例使用了"卷尺工具"新绘图及编辑工具完成了玻璃吊灯制作，在制作过程中还使用了"X 光透视模式""移动对齐""距离均分复制""群组"等常用绘图及编辑命令，下面对本案例所涉及的绘图及编辑工具及模型创建思路进行分析讲解，达到巩固和提高的目的。

◆ **卷尺工具**

卷尺工具用于测量两点间直线距离、绘制位置参考线和全局缩放模型对象，在实际操作中会借助直线或矩形工具共同创建一个有精确位置和大小的分割面，如图 2-109 至图 2-112 所示。

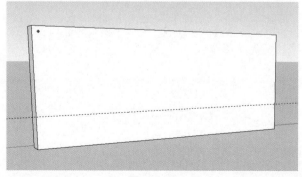

图 2-109

图 2-110

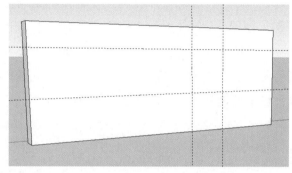

图 2-111

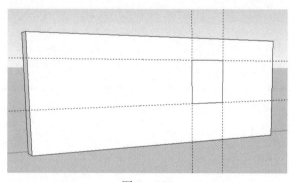

图 2-112

**小结：**

本案例吊灯模型从模型结构来看可分为灯座和玻璃吊件两部分，玻璃吊件又可细分为灯罩、挂件和灯泡三部分，在建模过程中要注意合理创建群组；本案例在建模过程中大量运用了移动对齐命令，特别是部分对齐过程中是在模型背部进行操作，因此"X 光透视模式"能有效地提高工作效率；最后玻璃吊件看似复杂，实际是通过复制而来，本案例可通过计算间距采用等距复制或距离均分复制，而选择对象进行复制则要合理借助群组，方便一次选中对象。综上所述，一个看似复杂的模型创建首要是对模型结构进行分析，合理对模型进行拆解，再借助绘图及编辑工具完成建模工作，熟练掌握绘图及编辑工具也能对模型拆解分析起到帮助作用，因此需要读者通过大量的单体模型创建来熟练掌握基本绘图及编辑工具。

### 2.2.2 园林石桌凳方案表现

园林景观是环境艺术设计的一部分，包括树木花草、叠山理水、模拟自然，把环境要素、建筑物、构筑物、建筑小品、设施小品加以组合而成的风景，是提供人们游赏、休息的场所，一个园林场景包含了众多形态各异的园林构件，如亭、廊等园林建筑，以及树池、果皮箱、雕塑、桌椅、路牌等小品构筑物。园林建筑小品是组成园林的基本对象，制作园林基本构件是环艺室外方案表现的基础，后续案例中会开始增加园林基本构件的制作方法，本案例是园林石桌凳的方案表现，完成效果图如图2-113所示。

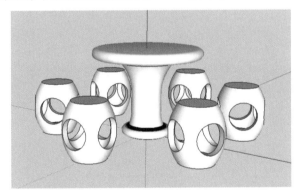

图 2-113

园林石桌凳包含桌与凳模型，石桌可使用"路径跟随"方法，较为简单；石凳模型较为复杂，并非完整实体模型，内部及中间有挖空部分，需要使用实体工具中布尔运算"减去"命令，注意被减物体与减去物体之间的位置关系，需要借助大量移动对齐操作，具体操作方法如下：

（1）制作石桌模型：通过"路径跟随"方法，先制作石桌截面，路径以截面宽度为半径绘制一个圆即可。调整观察视角，使用"矩形"工具█在YZ平面对齐原点创建长550，高850的矩形，如图2-114所示；选择矩形轮廓线，依据图

2-115所示进行移动复制操作，完成截面基本轮廓；删除多余的线与面，如图2-116所示；使用"起点、终点和凸起部分绘制圆弧"工具█，对石凳基础截面造型进行圆滑处理，主要要使用自动捕捉绘制相切的圆弧，完成如图2-117所示；删除多余的线面，使用"圆"工具█捕捉左下端点为圆心，以下部宽度为半径在XY平面绘制一个圆，删除圆面，如图2-118所示；选择圆周线，再使用"路径跟随"工具█选择石桌截面，完成石桌模型创建，如图2-119所示；全选石桌模型，右键"反转平面"调整模型表面正反显示，如图2-120所示；选择石桌模型，将其沿Y轴移动5000备用，如图2-121所示。

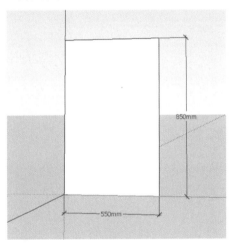

图 2-114

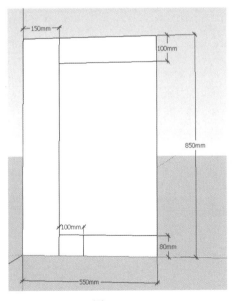

图 2-115

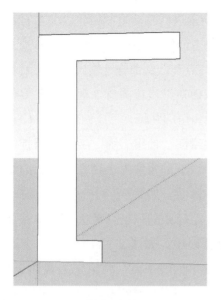

图 2 - 116

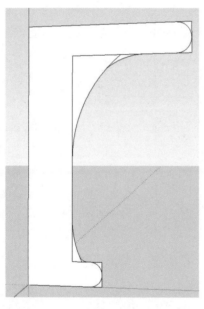

图 2 - 117

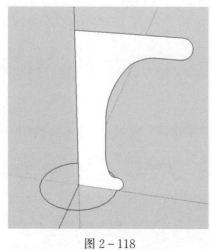

图 2 - 118

图 2 - 119

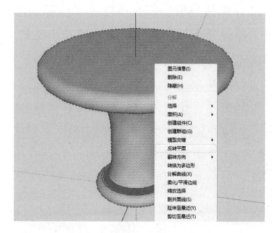

图 2 - 120

图 2 - 121

（2）制作石凳基础模型：同样使用"路径跟随"方法完成石凳基础模型，再通过移动复制和缩放命令完成石凳内空减去物体的制作，最后制作圆柱体作为石凳侧面减去物体，依次减去即可。使用"矩形"工具 ▨ 在 YZ 平面对齐原点创建长 160，高 500 的矩形，如图 2-122 所示；使用"起点、终点和凸起部分绘制圆弧"工具 ◇，捕捉截面右侧上下两个端点，向右设置弧高为 80，如图 2-123 所示；删除多余的线，使用"圆"工具 ◉，以下部宽度为半径在 XY 平面绘制一个圆，删除圆面，如图 2-124 所示；使用路径跟随方法完成石凳基础模型制作，如图 2-125 所示。

图 2-124

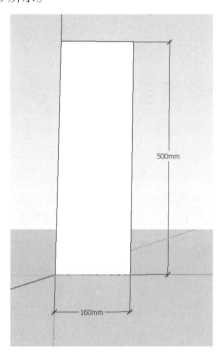

图 2-122

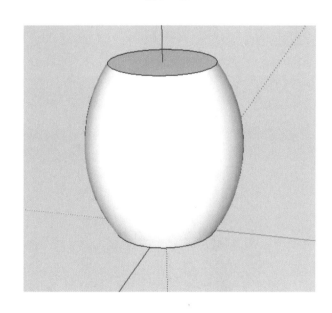

图 2-125

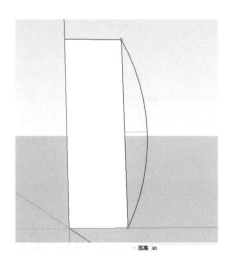

图 2-123

（3）制作石凳内空减去模型：选择石凳模型，右键将其创建为群组，如图 2-126 所示；将其沿 Y 轴复制一个，注意复制距离设置为 800，如图 2-127 所示；使用"缩放"工具 ▣，选择对角点，按住 Ctrl 键将缩放中心设置在对象中心，将对象缩小 0.8 倍，如图 2-128 所示；选择两个石凳模型，右键将其隐藏，如图 2-129 所示。

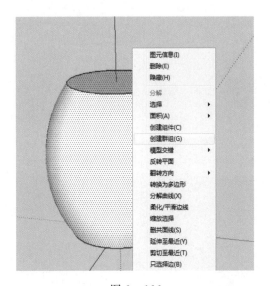

图 2-126

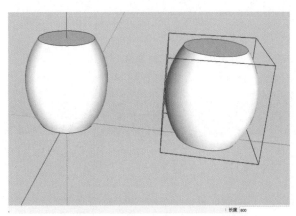

图 2-127

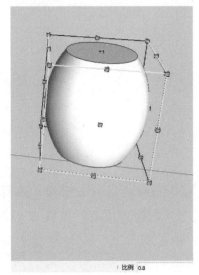

图 2-128

（4）制作石凳侧面减去模型：使用"圆"工具 ，绘制一个位于 YZ 平面，半径为 130 的圆，将其向上推拉 700，并将其创建为群组，如

图 2-130 所示；选择圆柱体，将其沿 X 轴向下移动 350，如图 2-131 所示；开启"X 光透视模式" ，使用"旋转"工具 ，将旋转中心定位在原点，旋转平面为 XY 平面（蓝色），旋转轴线为 X 轴，将其旋转 90°，如图 2-132 所示；选择两个圆柱体，使用"移动"工具 ，将其沿 Z 轴向上移动 250，完成侧面减去模型创建，如图 2-133 所示。

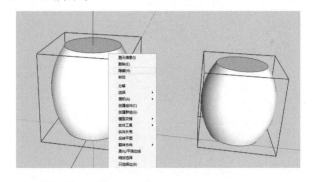

图 2-129

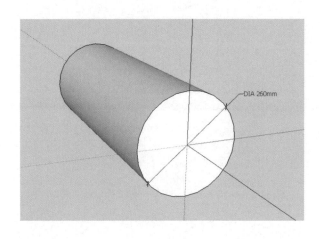

图 2-130

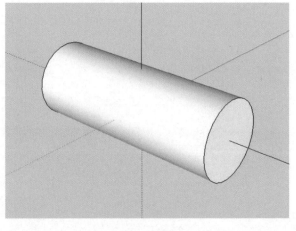

图 2-131

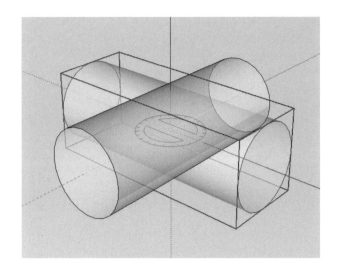

图 2 - 132

图 2 - 134

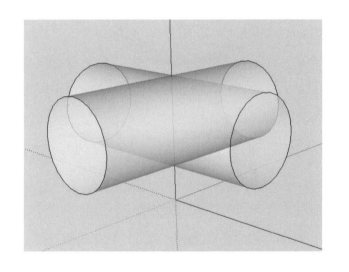

图 2 - 133

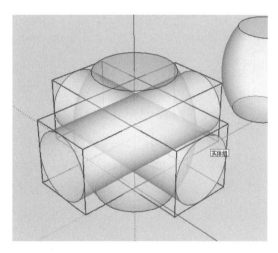

图 2 - 135

（5）减去石凳内空部分：需要依次减去石凳
内空部分，先减去侧面部分，再减去内部。选择
编辑—取消隐藏—全部，将石凳模型显示出来，
如图 2 - 134 所示；使用实体工具"实体外壳"
工具，依次点选两个圆柱体，将其合并为一
体，如图 2 - 135 所示；选择圆柱体实体组，使
用实体工具"减去"工具，再选择石凳模型，
完成侧面减去操作，如图 2 - 136 所示；选择石
凳减去模型，将其沿 Y 轴向左移回 800，如图
2 - 137 所示；选择石凳减去模型，使用实体工具
"减去"工具，再选择石凳模型，完成内空减
去操作，如图 2 - 138 所示。

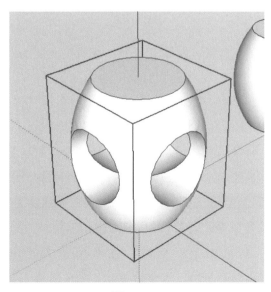

图 2 - 136

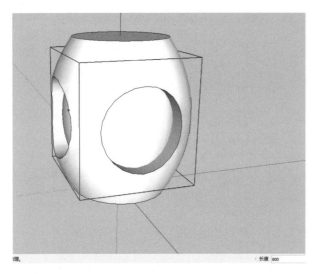

图 2 – 137

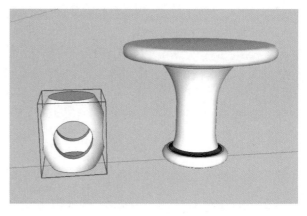

图 2 – 139

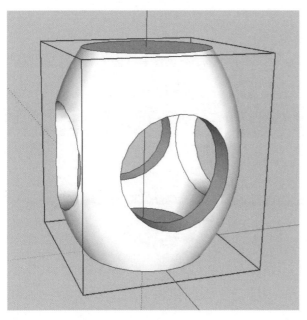

图 2 – 138

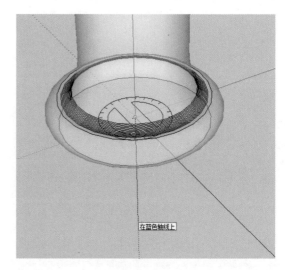

图 2 – 140

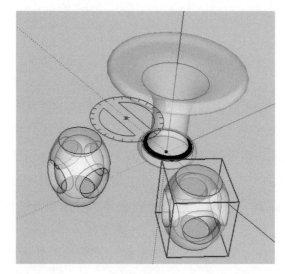

图 2 – 141

（6）旋转复制园林石凳：选择完成后的石凳模型，沿 Y 轴移动到石桌旁边，如图 2 – 139 所示；选择石凳和石桌，将其沿 Y 轴向左移回 5000 到原点，选择石凳模型，使用"旋转"工具 ⟳，将旋转中心定位在石桌顶部圆心，旋转平面为 XY 平面（蓝色），旋转轴线为 X 轴，如图 2 – 140 所示；按下 Ctrl 键，设置选择角度为 60° 对石凳模型进行旋转复制操作，如图 2 – 141 所示；复制单个石凳后，在数值输入栏输入 "5*"，对石凳进行等角度复制，完成所有石凳模型旋转复制。

（7）命名并保存场景。

小结：

本案例使用了"实体工具"新绘图及编辑工

具完成了园林石桌凳制作，在制作过程中还使用了"X光透视模式""移动对齐""旋转复制""群组"等常用绘图及编辑命令，下面对本案例所涉及的新绘图及编辑工具分析讲解，达到巩固和提高的目的。

◆ **实体工具**

Sketchup中实体工具主要用于对"实体"对象进行布尔运算的相加、相减和相交计算，通常情况下Sketchup对创建为群组的几何体即认定为"实体"，但几何体上不能有多余的线、面和未封闭的面。

实体外壳工具 ：简单地理解为对指定的多个单体实体对象进行加壳，使之合并成为一个整体，如图2-142、图2-143所示。

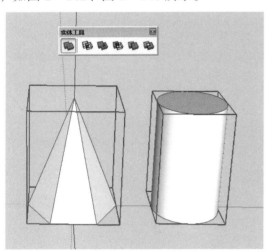

图2-142

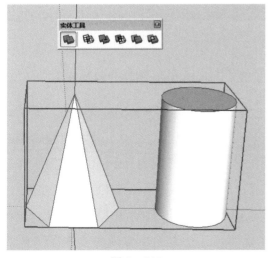

图2-143

相交 ：相交工具可以保留实体相交的部分，删除不相交部分，如图2-144、图2-145所示。

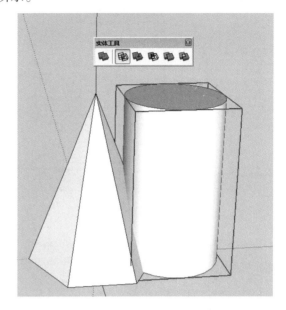

图2-144

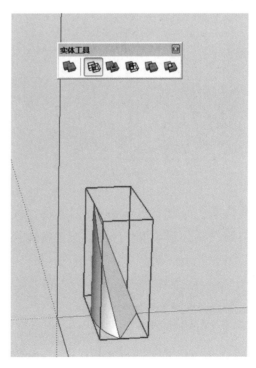

图2-145

减去 ：减去工具将对两个相交的实体进行减法运算，先选择减去实体，再使用减去工具选择被减物体，最终结果将保留被减实体，相交部分及减去实体都将被删除，如图2-146、图2-147所示。

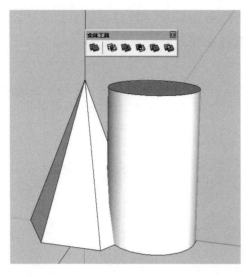

图 2-146

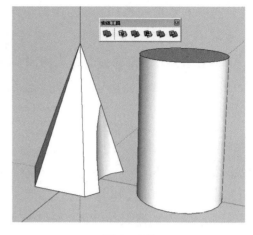

图 2-149

拆分 ：拆分工具将对两个相交的实体进行拆分计算，两个实体相交部分生成一个单独的新实体，原来两个实体将删除相交的部分，如图 2-150 所示。

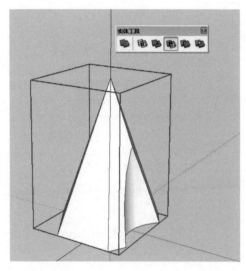

图 2-147

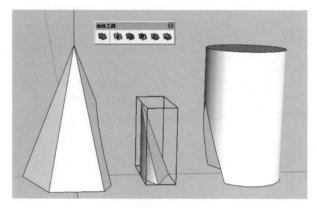

图 2-150

剪辑 ：剪辑工具与减去工具类似，区别在于最终结果只会删除相交部分，减去实体将被保留，如图 2-148、图 2-149 所示。

## 2.3　SketchUp 常用插件的使用

### 2.3.1　SketchUp 插件介绍及安装

SketchUp 是一个开放的软件平台，除了软件安装后自带的工具与功能外，很多懂得编程的用户通过 SketchUp 开放的 Ruby 语言编写了许多实用程序，这些程序就是 SketchUp 的 "插件"，需要注意的是 "插件" 是辅助建模的工具，能解决一些软件自带功能无法实现的或难以实现的效果，并非能一步完成建模工作，还是需要与基础

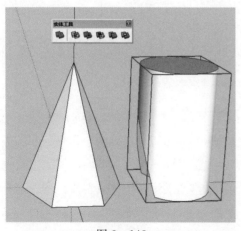

图 2-148

绘图和编辑命令结合使用。

SketchUp 中插件最为常见的格式为 rb 和 rbz，其中 rb 格式构成的插件有一个 .rb 或多个 .rb 文件构成，复制一些的会附带专用的文件夹和工具图标。安装插件时不同的格式的插件安装包有着不同的安装方法，具体如下：

第 1 种：rb 格式的插件需将相关的文件复制到 C：\\Users\\Administrator\\AppData\\Roaming \\SketchUp\\SketchUp 2015\\SketchUp 路径下的 Plugins 文件夹内，如图 2-151 所示。

图 2-151

第 2 种：rbz 的安装则需要执行"窗口—系统设置"菜单命令，在弹出的"系统设置"对话框中进入"扩展"选项卡，单击"安装扩展程序"按钮，找到电脑硬盘中对应 rbz 插件选择进行安装，如图 2-152 所示。

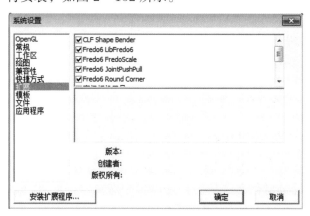

图 2-152

第 3 种：个别插件有专门的安装程序，类似 Windows 应用程序一样进行安装即可。

以"选择增强插件"为例演示插件安装及插件使用

（1）通过网络下载或使用教材素材 tt__selection__toys__v2.3.11. rbz。

（2）执行"窗口—系统设置"菜单命令，在弹出的"系统设置"对话框中进入"扩展"选项卡，单击"安装扩展程序"按钮，找到电脑硬盘中 tt__selection__toys__v2.3.11. rbz 选择增强插件进行安装，如图 2-153 所示。

图 2-153

（3）在弹出的两个询问类型面板中选择"是"和"确定"确认完成安装，如图 2-154、图 2-155 所示。

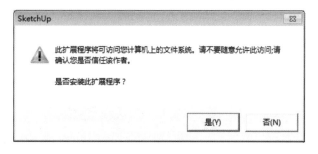

图 2-154

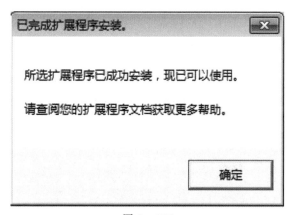

图 2-155

（4）在顶部工具栏空白处单击右键，将"selection toys"工具栏开启，如图 2-156 所示。

图 2-156

（5）创建一个长方体，并将其全部选择，单击右键"Select Only - edges"可将长方体所有的边全部选择，如图 2-157、图 2-158 所示；单击右键"Select Only - faces"可将长方体所有的面全部选择，如图 2-159、图 2-160 所示。

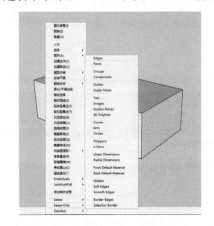

图 2-157

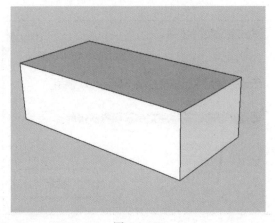

图 2-158

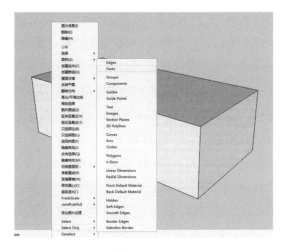

图 2-159

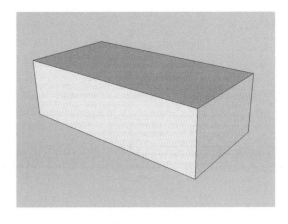

图 2-160

选择增强插件 Select Only 选项下还有非常丰富的过滤选项，在辅助建模建模中能起到非常强大的作用，能有效地提高工作效率，类似辅助类插件还有"圆心标记插件""角度标注插件""焊接插件"等，有兴趣的读者可以依据需要安装尝试。

### 2.3.2 吧椅的方案表现

吧椅完成图如图 2-161 所示，模型分为三个部分，吧椅底座、吧椅骨架和吧椅座面。从建模思路和方法来看，可以使用路径跟随的方法制作吧椅骨架，使用圆角插件和联合推拉插件制作吧椅座面的弧度和厚度，具体操作方法如下：

（1）安装所需插件：可以通过网络下载或者使用本书配套素材的"圆角插件 RoundCorner__v3.1b．rbz"和"联合推拉插件 JointPushPull__ v3.5a. rbz"，安装方法见 2.3.1 章节，将这两个插件安装好，安装成功后在工具栏空白处单击右键，将对应的工具条打开，如图 2－162 所示。

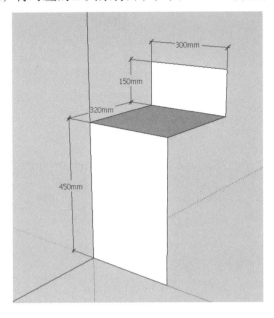

图 2－161

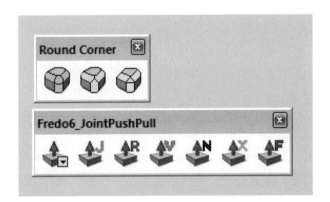

图 2－162

（2）制作吧椅骨架路径：如图 2－163 所示造型与尺寸，创建三个矩形面；在转折处绘制一个 75×75 的矩形，如图 2－164 所示；使用"起点、终点和凸起部分绘制圆弧"工具，捕捉矩形对角点，在数值输入栏输入"75r"完成骨架圆滑转折处理（注：此处骨架与座面转折弧半径都为 75mm），如图 2－165 所示；删除多余线面，将其复制到另外一侧，如图 2－166 所示；使用"矩形"工具，在底部绘制一个 50×50 的矩形，使用"起点、终点和凸起部分绘制圆弧"工具在内部绘制一个半径为 50 的圆弧，

如图 2－167 所示；删除多余的线面，并将其向右侧复制一个，如图 2－168 所示；使用"缩放"工具，捕捉左侧表面夹点，将其向右移动，并在数值输入栏输入"－1"，将对象镜像，如图 2－169 所示；选择两个圆弧对象，将其向上复制一个，使用"缩放"工具捕捉下部表面夹点，将其向上移动，并在数值输入栏输入"－1"，将对象镜像，如图 2－170 所示；将四个圆弧对象捕捉端点移动到图 2－171 所示位置；选择上部所有的线与面，将其向后旋转 20°，如图 2－172 所示；将所有对象全部选择，锁定某个轴向将其复制一个（注：复制对象作为吧椅座面还须移动回来对齐吧椅骨架，因此此处须锁定轴向和距离进行复制，后续直接按轴向和距离移回即可，此案例锁定 Y 轴向左移动 1000mm，轴向和距离读者可自行确定，记住即可），作为吧椅座面的造型，如图 2－173 所示；使用"直线"命令，在原对象座面与背靠面转折处分别绘制 20 长的直线，如图 2－174 所示；使用"起点、终点和凸起部分绘制圆弧"工具，借助捕捉功能，绘制相切的圆弧，如图 2－175 所示；将绘制的圆弧对象复制到另一侧，如图 2－176 所示；删除多余的线与面，完成如图 2－177 所示的吧椅骨架路径线。

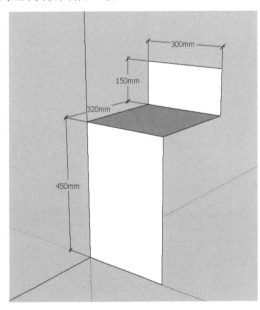

图 2－163

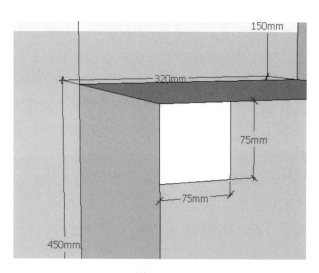

图 2 - 164

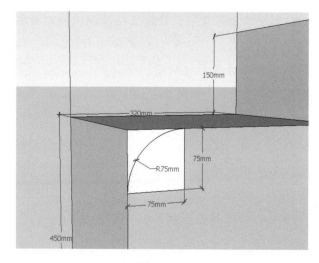

图 2 - 165

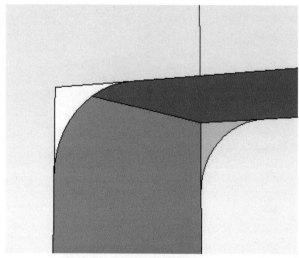

图 2 - 166

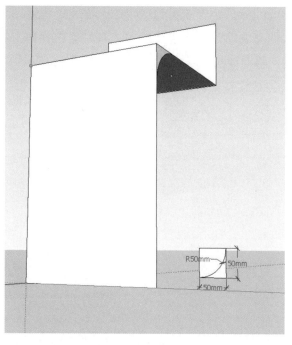

图 2 - 167

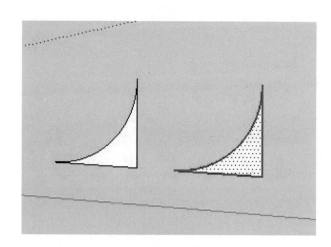

图 2 - 168

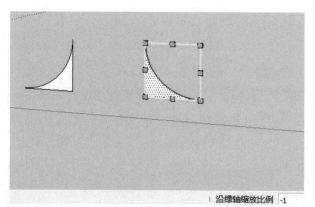

图 2 - 169

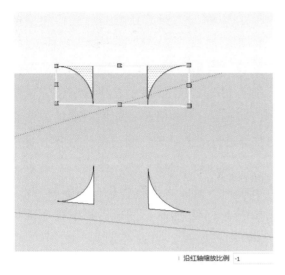

沿红轴缩放比例 -1

图 2 – 170

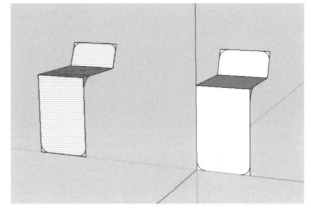

图 2 – 173

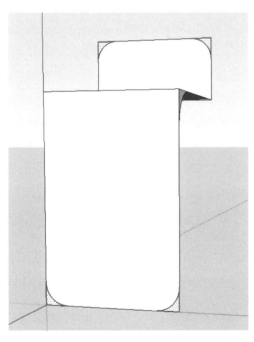

图 2 – 171

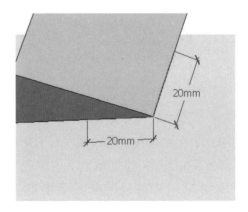

图 2 – 174

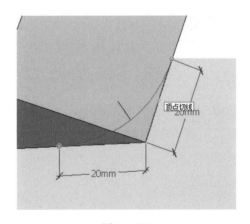

图 2 – 175

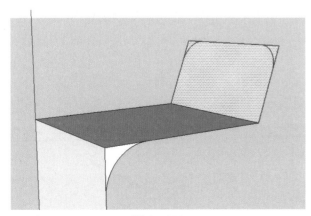

图 2 – 172

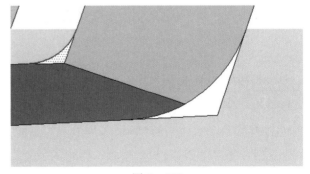

图 2 – 176

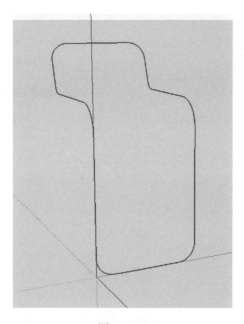

图 2-177

（3）制作吧椅骨架模型：使用"矩形"工具 ，绘制一个与吧椅骨架路径线垂直的矩形，尺寸如图 2-178 所示；捕捉矩形下边中点，将矩形移动对齐到吧椅路径线的上部中点，如图 2-179 所示；选择所有的路径线，使用"路径跟随"工具 后再选择矩形面，完成吧椅骨架模型制作，并将骨架模型创建为群组，如图 2-180 所示。

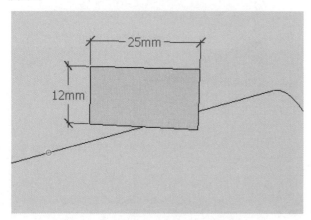

图 2-178

（4）制作吧椅座面模型：对复制出来的对象进行处理，删除多余的线与面，完成如图 2-181 所示对象；选择座面与底面相交的直线，向下 100 复制一条，如图 2-182 所示；删除多余的线与面，如图 2-183 所示；使用圆角工具中"3D

圆角"工具 ，选择选择座面与底面相交的直线，如图 2-184 所示；在数值输入栏输入 75 后回车，表示圆角半径为 75，6s 表示圆角弧度分为 6 段，如图 2-185 所示；再次回车完成圆角操作，如图 2-186 所示；使用同样的方法将座面与背面进行圆角处理，圆角半径为 20，完成如图 2-187 所示；使用"联合推拉"工具 选择吧椅座面，将其向上进行推拉，数值为"-5"，完成如图 2-188 所示；完成后将吧椅座面模型创建为群组，如图 2-189 所示。

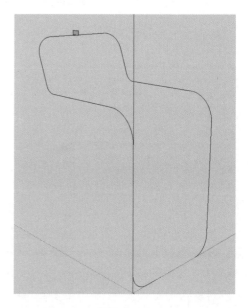

图 2-179

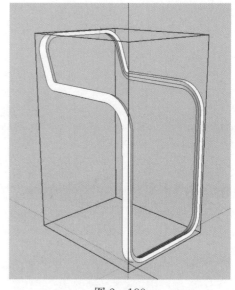

图 2-180

图 2 – 181

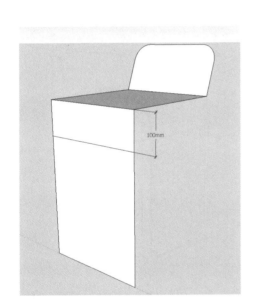

图 2 – 182

图 2 – 183

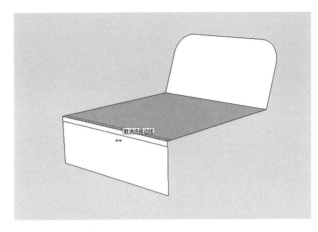

图 2 – 184

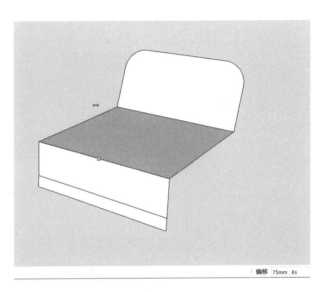

图 2 – 185

图 2 – 186

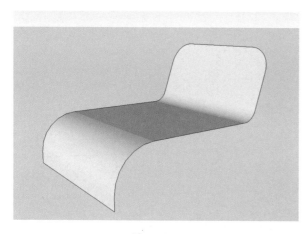

图 2 - 187

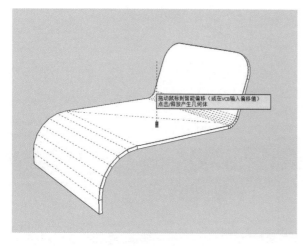

图 2 - 188

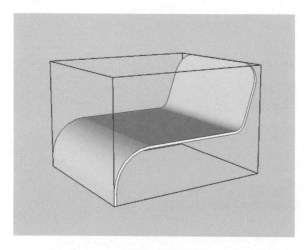

图 2 - 189

（5）对齐骨架与座面模型：依据之前复制的轴向与距离，将座面模型移动回来，对齐骨架模型，完成如图 2 - 190 所示。

（6）制作吧椅底座模型：使用"卷尺"工具在吧椅座面底面，圆角起始处拉出两条参考

线，并在参考线中点绘制一条直线，辅助确定底面中点，如图 2 - 191 所示；使用"圆"工具，以底面中点为圆心，绘制半径为 15 的圆，删除辅助直线，使用"推拉"工具，将圆向下推拉 600，完成如图 2 - 192 所示的吧椅支撑杆；使用"圆"工具，在 XY 平面绘制一个半径为 230 的圆，将其向上推拉 15，在其表面绘制一条半径线便于捕捉圆心，如图 2 - 193 所示；将底座顶部圆心移动对齐到支撑杆底部圆心，如图 2 - 194 所示；使用"3D 圆角"工具将底座上部圆进行 10 圆角处理，并将支撑杆和底座全部选择，创建群组，完成全部模型创建，如图 2 - 195 所示。

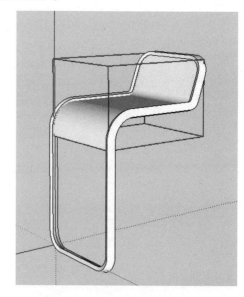

图 2 - 190

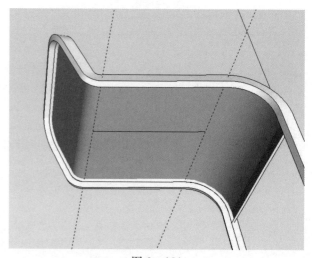

图 2 - 191

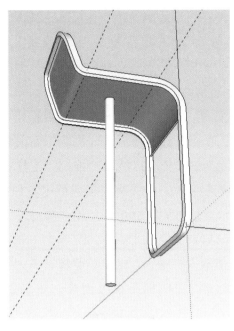

图 2 - 192

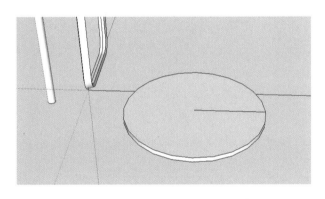

图 2 - 193

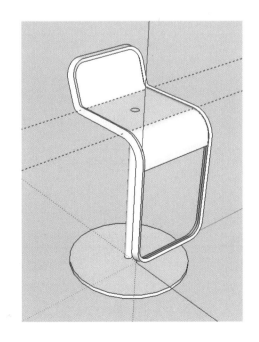

图 2 - 194

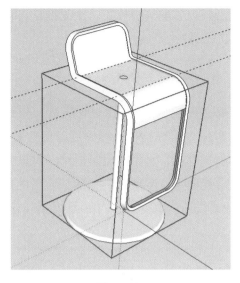

图 2 - 195

（7）第 7 步命名并保存模型。

**小结：**

本案例使用了"圆角插件工具"和"联合推拉插件工具"及常用绘图及编辑工具完成了吧凳模型制作，在制作过程中还使用了"X 光透视模式""移动对齐""镜像""群组"等常用绘图及编辑命令，下面对本案例所涉及的插件工具分析讲解，达到巩固和提高的目的。

◆ **圆角插件工具**

圆角插件可以实现面相交的边线进行圆角功能，分为"3D 圆角"工具 🌑、"3D 尖角"工具 🌑 和"斜切边线和转角"工具 🌑 三种工具，主要通过圆角数值、边数及生成边线类型来控制圆角效果，"3D 圆角""3D 尖角"产生的圆角效果是一致的，在边线交集处有不同的细节效果，"斜切边线和转角"可产生 45°倒角的效果。

◆ **联合推拉插件工具**

SketchUp 默认的推拉工具只能对平直的模型进行推拉操作，而且每次只能完成一个面的推拉操作，"联合推拉插件"工具可以对曲面进行推拉操作，还可以同时对多个面进行推拉操作。常用工具为"联合推拉"工具 🌑、"矢量推拉"工具 🌑、"法线推拉"工具 🌑 等，矢量推拉可以选择表面沿任意方向进行推拉，法线推拉可以沿表面法线进行推拉，形成分散的图形。

### 2.3.3 廊架的方案表现

廊架完成模型如图 2－196 所示，依据设计需要可制作直型廊架和弧形廊架，由立柱、梁、檩条和坐凳组成，直型廊架可由单个对象复制而成，弧形廊架在直型廊架的基础上使用"形体弯曲插件"工具 制作而成，具体操作方法如下：

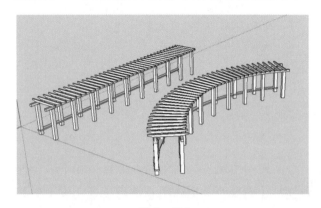

图 2－196

（1）安装所需插件：可以通过网络下载或者使用本书配套素材的"形体弯曲插件 clf＿shape＿bender＿v055＿v0.6.1.rbz"，安装方法见 2.3.1 章节，将这个插件安装好，安装成功后在工具栏空白处单击右键，将对应的工具条打开，如图 2－197 所示。

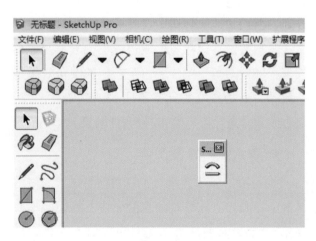

图 2－197

（2）制作廊架檩条模型：使用"矩形"工具 ，捕捉原点在 YZ 平面绘制一个 1600×200 的

矩形，并在矩形左侧使用"卷尺"工具 依据图 2－198 所示尺寸拉出参考线；使用直线工具依据参考线绘制檩条造型，并删除多余的线面，如图 2－199 所示；将所有线面选择，沿 Y 轴复制一份，并使用"缩放"工具 进行镜像操作，使用"移动"工具 沿中间对齐，删除中间的线，完成如图 2－200 所示；使用"推拉"工具 将檩条造型向后推拉 100，将其创建群组，如图 2－201 所示；选择檩条群组，使用"移动"工具 配合 Ctrl 键将其沿 X 轴向后 600 复制一份，完成后在数值输入栏输入"36*"，将檩条模型等距复制出 36 个，完成檩条模型创建，如图 2－202 所示。

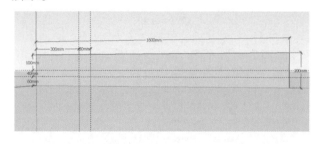

图 2－198

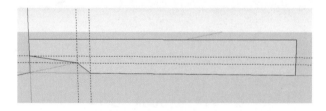

图 2－199

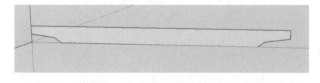

图 2－200

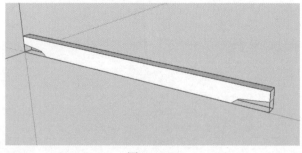

图 2－201

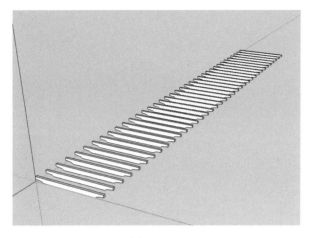

图 2 - 202

（3）制作廊架梁模型：使用"矩形"工具▨在 YZ 平面绘制一个 200×200 的矩形，使用"推拉"工具◈将其推拉 23000，并将梁模型创建群组，如图 2 - 203 所示；使用"移动"工具◈捕捉梁模型截面上端点，将其移动对齐到第一条檩条造型左下端点，如图 2 - 204 所示；使用"移动"工具◈配合"Ctrl"键捕捉梁截面右上端点，将其沿 Y 轴复制对齐第一条檩条造型右下端点，如图 2 - 205 所示；选择两条梁模型，使用"移动"工具◈沿 X 轴向下方移动 550，完成梁模型创建，如图 2 - 206 所示，将梁模型选择右键隐藏。

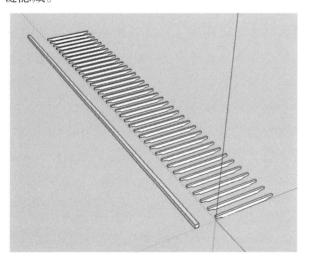

图 2 - 203

（4）制作廊架立柱模型：使用"矩形"工具▨在 XY 平面绘制 300×300 的矩形，将其向下推拉 3000 高度，将其创建群组，如图 2 - 207 所

示；使用"移动"工具◈捕捉立柱上截面左侧边中点，将其对齐到第一条檩条造型左下中点，使用同样的方法右侧也对齐复制一个，如图 2 - 208 所示；使用"移动"工具◈将左侧立柱沿 Y 轴向左移动 50，确保对齐在梁中心，右侧立柱采用相同尺寸进行移动，再次使用"移动"工具◈将左侧立柱沿 Z 轴向下移动 200，留出梁空间，使用同样的方法移动好右侧立柱，如图 2 - 209 所示；选择两个立柱，使用"移动"工具◈配合"Ctrl"键将其沿 X 轴向后 2400 复制一份，完成后在数值输入栏输入"9*"，将檩条模型等距复制出 9 个，完成立柱模型创建，如图 2 - 210 所示；执行菜单"编辑—取消隐藏—最后"，将梁模型取消隐藏，如图 2 - 211 所示。

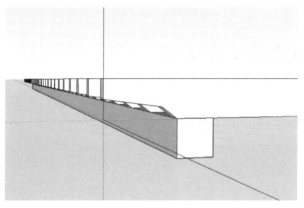

图 2 - 204

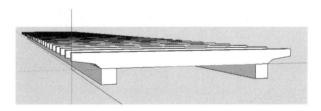

图 2 - 205

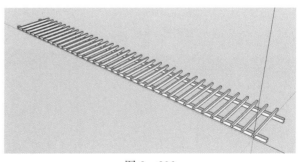

图 2 - 206

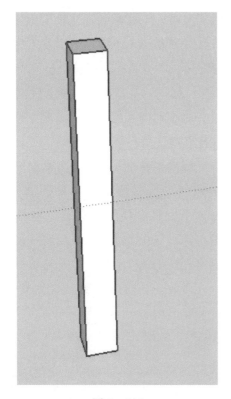

图 2 - 207

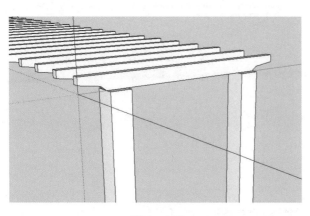

图 2 - 208

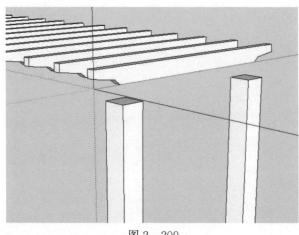

图 2 - 209

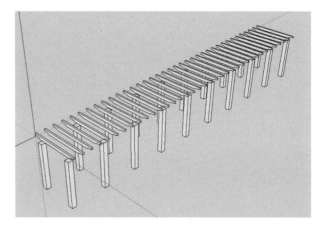

图 2 - 210

图 2 - 211

（5）制作廊架坐凳模型：使用"矩形"工具
▨ 在 YZ 平面绘制 100×400 的矩形，使用"推
拉"工具◈将其推拉 22000，并将坐凳模型创建
群组，如图 2 - 212 所示；使用"移动"工具❖
移动对齐到立柱左下点，如图 2 - 213 所示；将
坐凳模型沿 X 轴向前移动 50，对齐整体模型中
心，沿 Z 轴向上移动 400，确定坐凳高度，完成
坐凳模型制作，如图 2 - 214 所示。

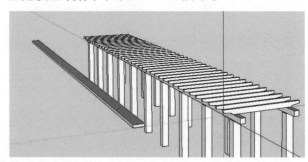

图 2 - 212

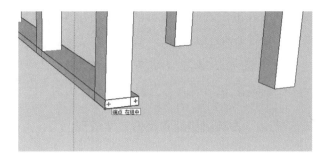

图 2 - 213

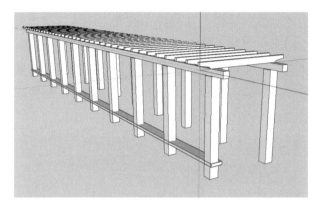

图 2 - 214

键盘上的 end 键进行切换；再次用鼠标单击圆弧
辅助线，此时在圆弧上出现了绿色辅助线框，此
时模型弯曲不正确，如图 2 - 219 所示；使用键
盘的"下方向"键进行切换调整，直至模绿色显
示框正确显示，如图 2 - 220 所示；敲击键盘回
车完成曲线廊架模型制作，如图 2 - 221 所示。

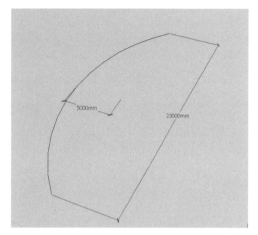

图 2 - 216

（6）制作弧形廊架：全选所有模型，创建为
嵌套群组，如图 2 - 215 所示；使用"起点、终
点和凸起部分绘制圆弧"工具 ，在 XY 平面绘
制长度为 23000，弧长为 5000 的圆弧辅助线，如
图 2 - 216 所示；使用"直线"工具 捕捉梁长
度两个端点绘制一条直线辅助线，如图 2 - 217
所示；选择廊架群组，单击"形体弯曲"插件按
钮 ，将光标单击直线辅助线，如图 2 - 218 所
示，此时光标由直线变为曲线，模型出现了
"start"和"end"，这是弯曲的起点和终点，可用

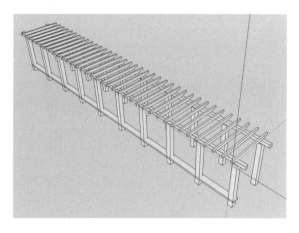

图 2 - 217

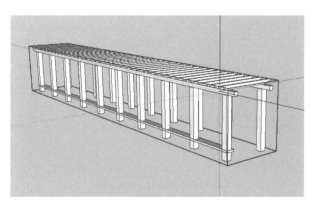

图 2 - 215

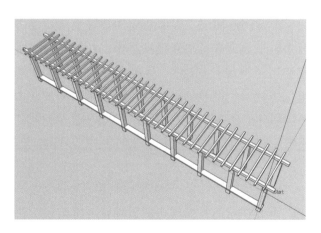

图 2 - 218

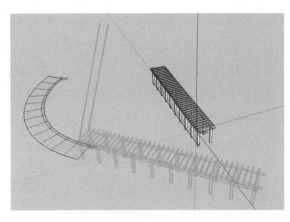

图 2-219

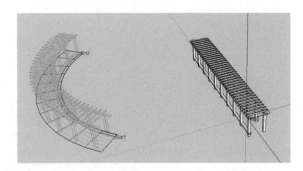

图 2-220

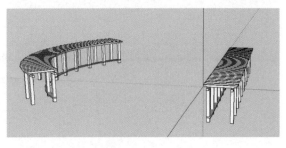

图 2-221

（7）命名并保存模型。

**小结：**

本案例使用了"形体弯曲插件"及常用绘图及编辑工具完成了吧凳模型制作，在制作过程中还使用了"等距复制""移动对齐""镜像""群组"等常用绘图及编辑命令，下面对本案例所涉及的插件工具分析讲解，达到巩固和提高的目的。

◆ **形体弯曲插件工具**

形体弯曲插件可以实现对群组模型的弯曲效果，需要注意的是形体弯曲插件针对群组模型进行操作，需要绘制一条群组模型总长的直线辅助

线和对应长度的圆弧，圆弧的弧长决定了弯曲的程度，选择直线辅助线的"start"和"end"可通过键盘上的 end 键进行切换，曲线"start"和"end"通过键盘的"上下方向"键进行切换。

### 2.3.4 古典风格储物柜的方案表现

古典风格储物柜完成模型如图 2-222 所示，模型表面看似较为复杂，经过分析可拆分为柜体、抽屉、柜门和装饰柱组成，柜体顶部造型可用路径跟随方法完成，抽屉和柜门可完成一组使用等距复制而成，装饰柱可使用路径跟随方法或使用"联合推拉插件"和"圆角插件"制作而成，具体操作方法如下：

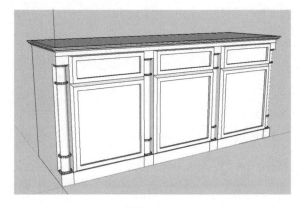

图 2-222

（1）制作柜体基础模型：使用"矩形"工具和"推拉"工具制作一个长 1800、宽 550、高 800 的长方体，如图 2-223 所示；使用"卷尺"工具和"移动复制"方法对柜体正面进行分隔，完成如图 2-224 所示；使用"推拉"工具将面向内推拉 75，完成柜体基础模型，如图 2-225 所示。

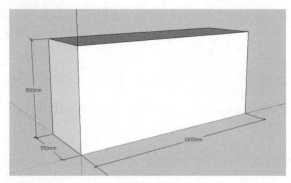

图 2-223

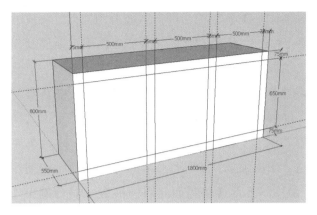

图 2 - 224

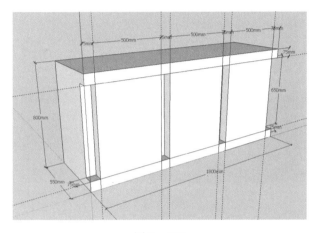

图 2 - 225

（2）制作装饰柱模型：使用"圆"工具 ⊘，在 XY 平面绘制一个半径为 30 的圆，使用"推拉"工具 ◈ 配合"Ctrl"键依据图 2 - 226 所示进行复制推拉；使用"联合推拉"工具 ◈ 选择底部 10 高度模型，将其向外推拉 10，如图 2 - 227 所示；使用"3D 圆角"工具 ◈ 选择推拉出来的模型上下两个圆，设置圆角为 5，如图 2 - 228 所示；使用相同的方法完成剩余三个推拉和圆角操作，完成如图 2 - 229 所示，将单个装饰柱对象创建为群组，方便后期等距复制操作；使用"直线"工具 ✏ 在柜体基础模型中第一个及第二个放置装饰柱的位置底部绘制两条中点辅助线，如图 2 - 230 所示，第一条辅助线目的是辅助装饰柱移动对齐，第二条辅助线目的是辅助等距复制；使用"移动"工具 ✦ 将装饰柱群组底部中点移动对齐到第一条辅助线中点，如图 2 - 231 所示；捕捉中点将装饰柱群组移动复制对齐到第二条辅助

线中点，完成后在数值输入栏中输入"3*"，完成装饰柱模型创建，如图 2 - 232 所示。

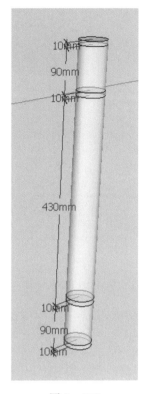

图 2 - 226

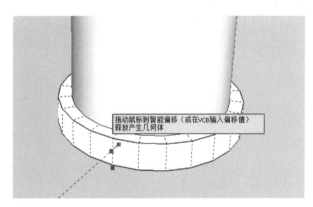

图 2 - 227

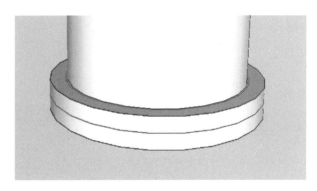

图 2 - 228

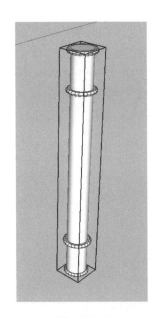

图 2 - 229

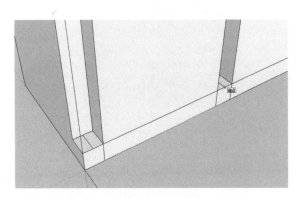

图 2 - 230

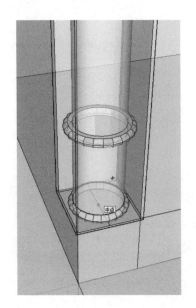

图 2 - 231

（3）制作抽屉模型：使用"卷尺"工具、
"直线"工具、"移动"工具和"删除"命令

对柜体基础模型正面进行重新分割调整，完成如图 2 - 233 所示；删除柜体基础模型上抽屉及柜门的面，如图 2 - 234 所示；使用"矩形"工具绘制一个长 500、宽 160 的矩形，将其推拉 25，如图 2 - 235 所示；选择抽屉模型正面，使用"缩放"工具配合"Ctrl"键选择对角夹点，向内缩放 0.95 倍，如图 2 - 236 所示；使用"偏移"工具将正面向内偏移 25，将分割出来的面向内推拉 15，完成抽屉模型创建，并将其创建群组，如图 2 - 237 所示。

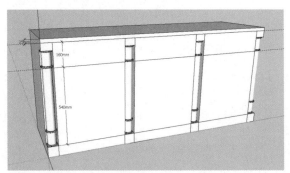

图 2 - 233

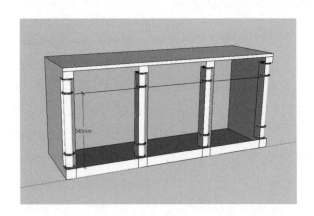

图 2 - 234

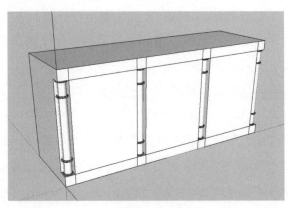

图 2 - 232

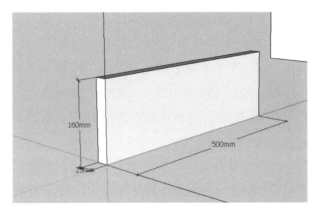

图 2 - 235

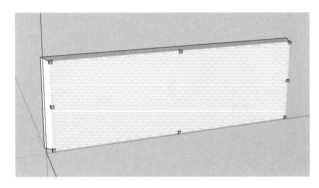

图 2 - 236

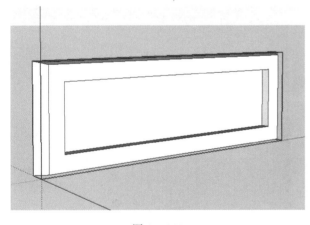

图 2 - 237

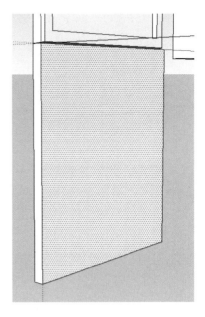

图 2 - 238

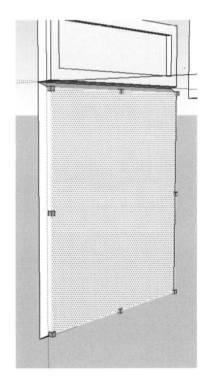

图 2 - 239

（4）制作柜门模型：使用"矩形"工具▨绘制一个长 500、宽 540 的矩形，将其推拉 25，如图 2 - 238 所示；选择抽屉模型正面，使用"缩放"工具▣配合"Ctrl"键选择对角夹点，向内缩放 0.95 倍，如图 2 - 239 所示；使用"偏移"工具⬀将正面向内偏移 25，将分割出来的面向内推拉 15，完成柜门模型创建，并将其创建群组，如图 2 - 240 所示。

（5）复制抽屉柜门模型：选择抽屉及柜门模型，将其创建为嵌套群组，如图 2 - 241 所示；使用"移动"工具✥，捕捉抽屉及柜门群组左上后端点，将其移动对齐到第一扇抽屉柜门上端点，如图 2 - 242 所示；使用"移动"工具✥配合 Ctrl 键捕捉抽屉及柜门群组左上端点，将将其移动复制对齐到第二扇抽屉柜门上端点，完成后在数值输入栏输入"2*"，将其再次等距复制两个，完成抽屉和柜门模型创建，如图 2－243 所示。

图 2－240

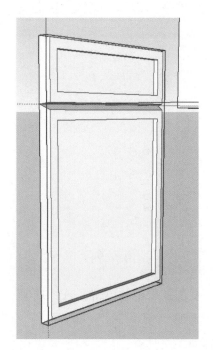

图 2－241

（6）制作柜体上表面装饰模型：使用"矩形"工具▨，在 YZ 平面绘制一个 25×25 的矩形，如图 2－244 所示；选择左侧边线，右键选

择拆分工具，将左侧边线拆分为 4 段，同样的方法将下侧边线拆分为 4 段，如图 2－245 所示；使用"直线"工具✎捕捉左侧边线上部第一个拆分点和下侧边线第三个拆分点绘制一条直线，如图 2－246 所示；将该直线拆分为 5 段，删除多余的线和面，如图 2－247 所示；使用"起点、终点和凸起部分绘制圆弧"工具◌，捕捉左侧端点和第二个拆分点绘制弧高为 3 的圆弧，同样的方法捕捉下部端点及第三个拆分点绘制同样弧高的圆弧，删除多余的线和面。如图 2－248 所示；选择截面，使用"移动工具"✛捕捉右下端点，移动对齐到柜体上表面左后端点，如图 2－249 所示；选择柜体上表面所有的边，使用"路径跟随"工具⌘，完成柜体上表面装饰模型制作，如图 2－250 所示；此时柜体上表面与装饰模式之间有高度差，选择柜体上表面，将其删除，如图 2－251 所示；捕捉装饰模型内轮廓端点，绘制一个矩形进行补面操作，完成古典风格储物柜模型制作，如图 2－252 所示。

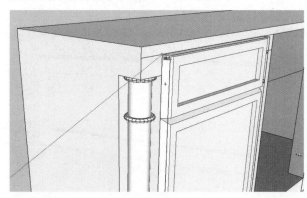

图 2－242

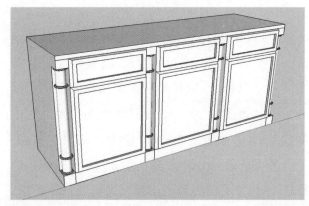

图 2－243

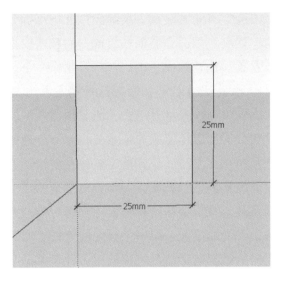

图 2 - 244

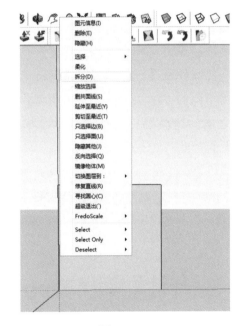

图 2 - 245

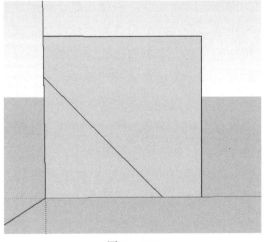

图 2 - 246

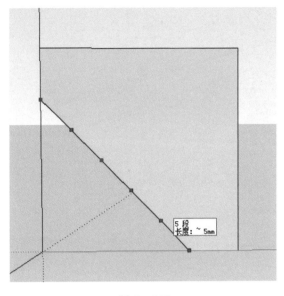

图 2 - 247

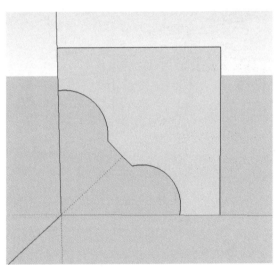

图 2 - 248

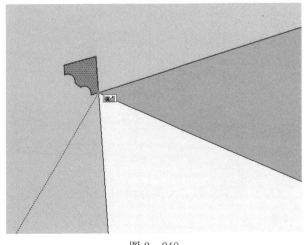

图 2 - 249

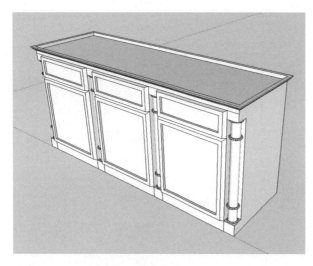

图 2-250

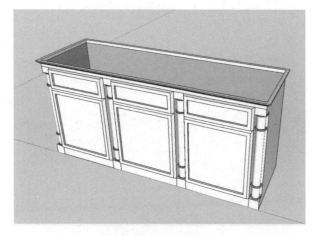

图 2-251

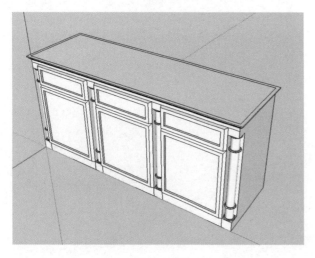

图 2-252

（7）第 7 步命名并保存模型。

**小结：**

本案例古典风格储物柜模型很多读者第一眼

看上去会觉得非常复杂，实际经过分析可拆分为柜体、抽屉、柜门和装饰柱组成，而且从模型特点来看装饰柱、抽屉、柜门都只需制作一个，然后进行等距复制即可，经过这样的分析和思考后，该模型制作难度并不大，因此创建模型的前期模型分析和建模思路非常重要，一个合理的建模思路和操作方法的选择能有效地克服初学者对于建模的畏惧感。其次，一个看似复杂的模型创建首要是对模型结构进行分析，合理对模型进行拆解，再借助绘图及编辑工具完成建模工作，一个同样的模型通常情况可以使用多种建模命令和方法来实现，比如本案例中装饰柱可以使用"联合推拉插件"和"圆角插件"来制作，也可使用路径跟随的方法一体成型，在建模过程中读者不必纠结哪种建模方法和命令，选择适合自己的就行，等这些操作命令已经掌握非常熟练了，再可尝试使用不同的方法去创建同一个模型，甚至可以改变之前的建模思路，这样对学习 SketchUp 会有较大的帮助。

## 2.4 绘图与编辑工具综合实例

### 2.4.1 可移动小茶几的方案表现

可移动小茶几造型参考图如 2-253 所示，模型主要由两个台面，茶几骨架和滑轮组成。圆形台面周围有圆角效果，可使用路径跟随或圆角插件来完成；茶几骨架可连同滑轮模型完成一组后直接旋转复制，模型整体较为简单，需要注意的是制作过程中需要多次使用移动对齐命令，因此对齐参考点的选择非常重要，建议读者使用坐标原点来作为固定对齐参考点，方便在建模中找到各种参考点，具体操作方法如下：

（1）制作茶几台面模型：使用"圆"工具，以坐标原点为圆心，在 XY 平面绘制一个半径为 300 的圆，将其推拉 30 高度，鼠标左键三击全选，并将其创建为群组，如图 2-254

所示；双击进入群组，选择台面模型上下两条轮廓线，使用"3D 圆角"工具 ◉ 设置圆角半径为 10，完成圆角操作，如图 2 - 255 所示；

图 2 - 253

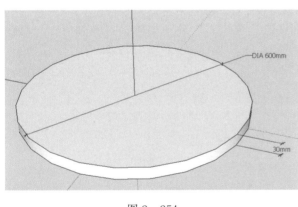

图 2 - 254

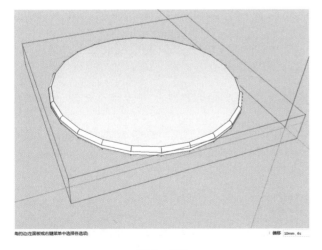

图 2 - 255

使用"偏移"工具 ◉ 将台面上表面向内偏移 10，并将分割出来的圆向下推拉 15，如图 2 - 256 所示；双击圆，将圆及圆周线选中，使用"缩放"

工具 ▦ 配合"Ctrl"键将缩放中心固定在圆心，选中对角焦点，将圆缩放 0.98 倍，如图 2 - 257 所示；按"空格键"切换到"选择"工具 ▨，在空白区域单击，推出群组，完成茶几台面模型，选择茶几台面群组，右键将其隐藏，如图 2 - 258 所示。

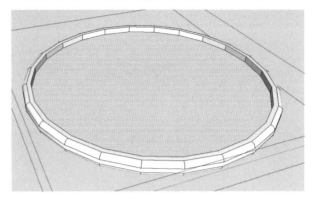

图 2 - 256

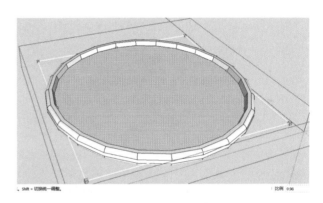

图 2 - 257

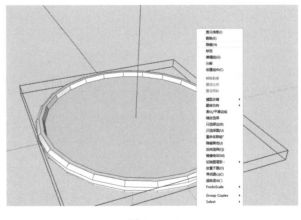

图 2 - 258

（2）制作茶几骨架基本模型：使用"圆"工具 ◉，以坐标原点为圆心，在 XY 平面绘制一个半径为 20 的圆，将其推拉 500 高度，鼠标左键三击全选，并将其创建为群组，如图 2 - 259 所示；使用"环绕观察"工具🔄旋转视图，使用"矩形"工具▱以坐标原点为中心，在 XZ 平面绘制一个 30×30 的矩形，将其推拉 640，如图 2－260 所示；选择四条长边轮廓，使用"3D 圆角"工具🔘设置圆角半径为 5，完成后将对象创建群组，如图 2－261 所示，完成骨架基本模型，将两个对象隐藏。

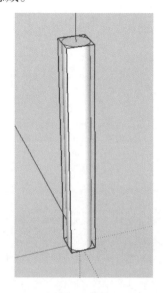

图 2－259

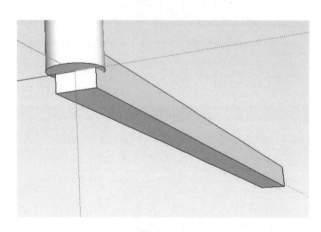

图 2－260

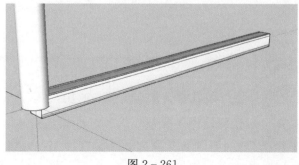

图 2－261

（3）制作滑轮模型：使用"圆"工具◯，以坐标原点为圆心，在 XY 平面绘制一个半径为 15 的圆，将其推拉 45 高度，将其创建为群组，如图 2－262 所示，创建完后将其隐藏；使用"圆"工具◯，以坐标原点为圆心，在 XZ 平面绘制一个半径为 35 的圆，使用"偏移"工具⏩向内偏移 2，再次向内偏移 3，分别得到半径为 33 和 30 的圆，沿 X 轴过圆心绘制一条直线，如图 2－263 所示；删除多余的线与面，将对象编辑如图 2－264 所示；将面推拉 40，完成如图 2－265 所示；执行"编辑—取消隐藏—最后"，将圆柱体显示出来，使用"移动"工具✥将圆柱体沿 Y 轴移动 20，沿 X 轴移动 15，完成如图 2－266 所示；将两个对象创建为嵌套群组，以圆柱体上表面圆心为参考点，将群组移动对齐到原点，如图 2－267 所示，完成滑轮模型创建。

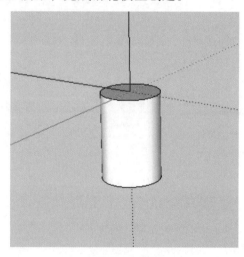

图 2－262

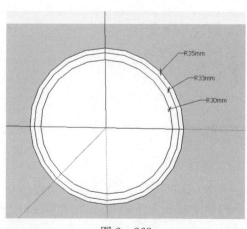

图 2－263

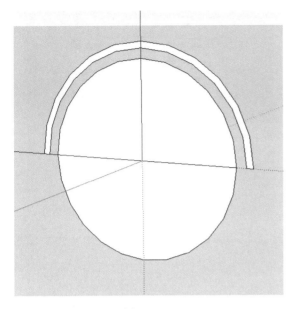

图 2 - 264

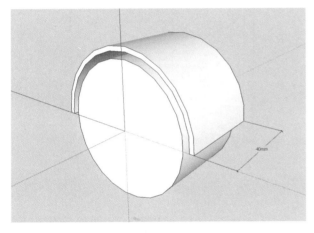

图 2 - 265

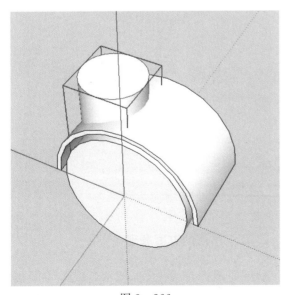

图 2 - 266

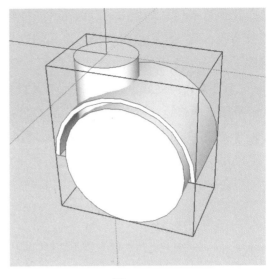

图 2 - 267

　　（4）细化并完成整体模型：执行"编辑—取消隐藏—全部"，将所有对象全部显示，此时台面与骨架是重叠的，需要调整骨架的位置，选择骨架及滑轮群组，将其沿 Y 轴向左移动 320，沿完成后如图 2 - 268 所示；由于骨架横杆与台面

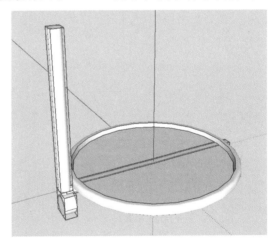

图 2 - 268

均以原点为参考点进行创建，因此骨架横杆与台面在高度上有部分是重叠的，参照横杆高度为30，因此需将台面沿 Z 轴向上移动 15，完成后台面底部对齐横杆顶部，如图 2 - 269 所示；选择台面和横杆，再次沿 Z 轴向上移动 50，完成底层台面与横杆创建，如图 2 - 270 所示；选择骨架竖杆、横杆及滑轮群组，将其沿 Y 轴向右 640 移动复制一组，如图 2 - 271 所示；选择台面和横杆，将其沿 Z 轴向上 400 移动复制一组，完成上

次台面及横杆制作，如图 2 - 272 所示；将两根竖杆和横杆、两组滑轮群组选择，将其创建为嵌套群组，如图 2 - 273 所示；选择群组，使用"移动"工具✛，捕捉原点为旋转中心，XY 平面为旋转平面，两根竖杆所在的 Y 轴为旋转起始轴向，配合"Ctrl"键将骨架及滑轮旋转 90°复制一组，完成模型创建，如图 2 - 274 所示。

（5）命名并保存模型。

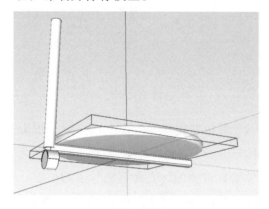

图 2 - 269

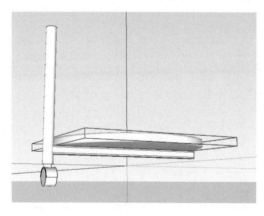

图 2 - 270

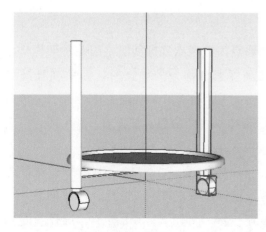

图 2 - 271

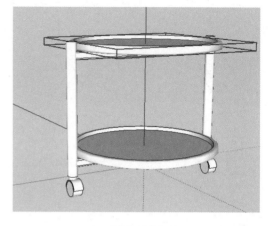

图 2 - 272

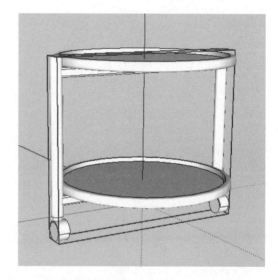

图 2 - 273

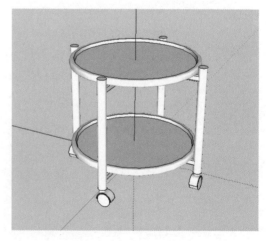

图 2 - 274

### 2.4.2　吊灯的方案表现

吊灯完成图如 2 - 275 所示，模型主要由灯座主骨架、灯枝和蜡烛台部分组成。从模型整体造型应该马上联想到使用旋转复制的方法来完成，灯枝和仿蜡烛灯泡可用路径跟随方法完成，考虑各种操作捕捉参考点的需要，还是以坐标原点作为模型创建的参考点，具体操作方法如下：

所示。

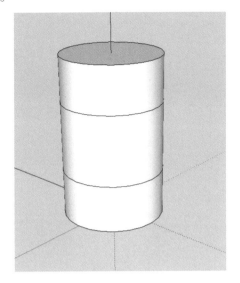

图 2 - 276

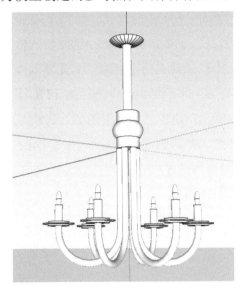

图 2 - 275

（1）创建灯座骨架模型：使用"圆"工具 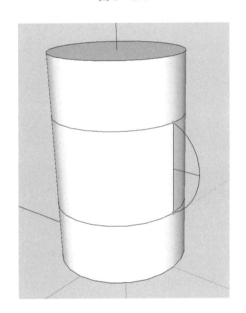，以坐标原点为圆心，在 XY 平面绘制一个半径为 45 的圆，将其推拉 40 高度，完成后按住"Ctrl"键再次复制推拉 40 和 60 高度，完成如图 2 - 276 所示；使用"直线"工具，在参考 X 轴在 60 高度上绘制一条直线，使用"起点、终点和凸起部分绘制圆弧"工具，捕捉直线两个端点，沿 X 轴设置弧高为 20，绘制弧面，如图 2 - 277 所示；使用"路径跟随"工具完成三维弧形模型，如图 2 - 278 所示，将全部模型选择并创建为群组；使用"圆"工具，在群组模型顶部捕捉圆心，绘制一个半径为 18 的圆，将其向上推拉 300 高度，如图 2 - 279 所示；使用"直线"工具在模型顶部捕捉圆心，沿 Y 轴绘制一条半径线，使用"矩形"工具捕捉端点在 YZ 平面绘制 20×60 的矩形，使用"起点、终点和凸起部分绘制圆弧"工具，捕捉矩形两个对角点绘制圆弧，完成如图 2 - 280 所示；使用"路径跟随"工具完成顶部模型，将整体模型创建为群组，完成灯座骨架模型创建，如图 2 - 281

图 2 - 277

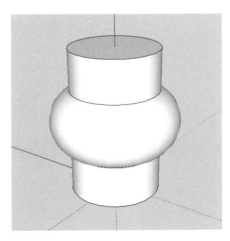

图 2 - 278

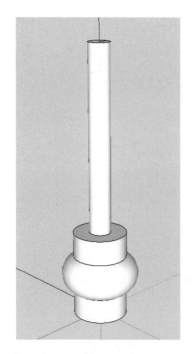

图 2 - 279

（2）创建灯枝模型：使用"直线"工具 ✐，捕捉坐标原点，在 YZ 平面绘制 360 垂线和 230 水平线，如图 2 - 282 所示；使用"起点、终点和凸起部分绘制圆弧"工具 ✐，捕捉水平线两段，绘制弧长为 117 的圆弧，如图 2 - 283 所示；使用"直线"工具 ✐ 在如图 2 - 284 所示位置绘制一条长 20 的垂线；使用"圆"工具 ⊘ 以线末端为圆心，在 XY 平面绘制一个半径为 12 的圆，如图 2 - 285 所示；使用"路径跟随"工具 ⊛ 完成灯枝模型创建，将其创建为群组并沿 Y 轴向右移动 33，对齐灯座底部边缘，如图 2 - 286 所示。

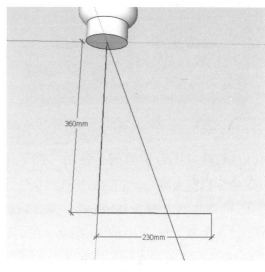

图 2 - 282

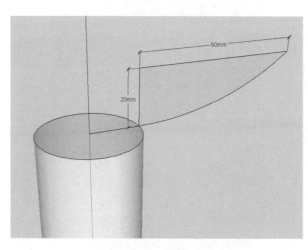

图 2 - 280

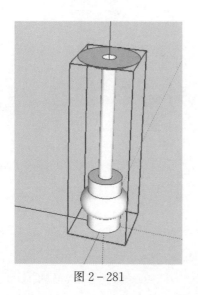

图 2 - 281

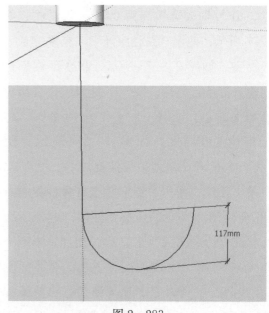

图 2 - 283

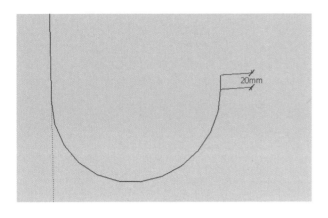

图 2-284

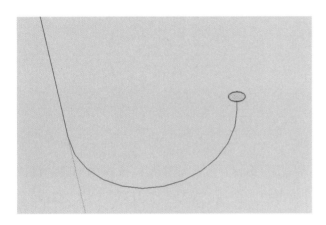

图 2-285

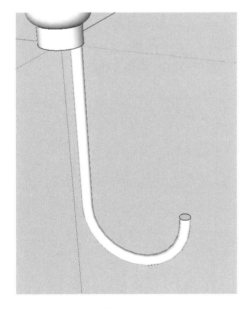

图 2-286

（3）创建蜡烛基座模型：使用"圆"工具
⊙，捕捉灯枝顶部圆心，绘制半径为 40 的圆，
将其推拉 15，将其创建为群组。再次捕捉灯枝顶
部圆心，绘制半径为 60 的圆，将其向上推拉 3，

将其创建为群组，将大圆柱向上移动 6，使用
"实体工具"工具栏中"实体外壳"工具 ，将
两个群组合并为一个对象，完成蜡烛灯底座模型，
如图 2-287 所示；使用"圆"工具⊙，捕捉基座
顶面圆心，绘制半径为 15 的圆，将其向上推拉
60，使用"偏移"工具 将顶面圆向内偏移 5，将
分割出来的内圆向下推拉 5，将完成的对象创建群
组，完成整体基座模型，如图 2-288 所示。

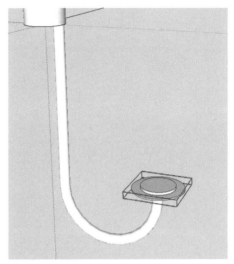

图 2-287

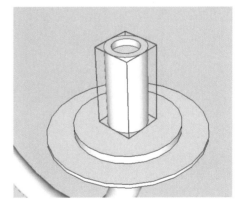

图 2-288

（4）创建蜡烛灯泡模型：使用"圆"工具
⊙，在 XY 平面绘制一个半径为 10 的圆，捕捉
圆心，使用"旋转"工具 沿 X 轴或 Y 轴 90°旋
转复制一个，如图 2-289 所示；将水平圆面删
除，圆周作为路径，使用"直线"工具 垂直圆
绘制一条直径，删除一半圆线和面，如图 2-290
所示；使用"路径跟随"方法完成灯泡球体创

建，如图 2-291 所示；使用"缩放"工具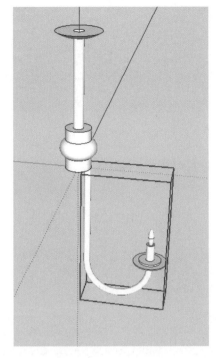捕捉底部表面夹点，按住"Ctrl"键将缩放中心确定在球体中心，将对象拉伸成一个椭圆形，并将其移动放置到基座模型上方，完成制作，将灯枝、基座和灯泡模型选择，创建为群组，如图 2-292 所示。

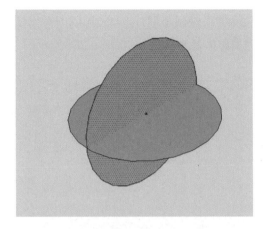

图 2-289

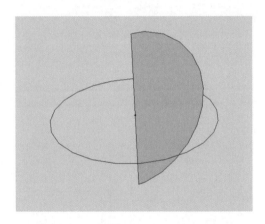

图 2-290

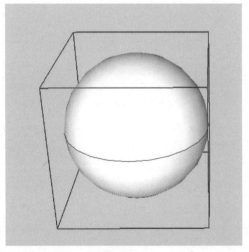

图 2-291

图 2-292

（5）旋转复制完成模型：选择刚创建的灯枝整体群组，使用"旋转"工具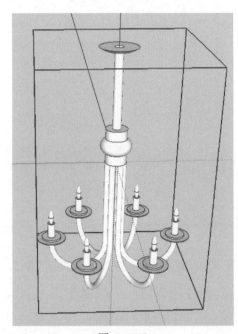以 XY 为旋转平面，原点为旋转中点，Y 轴为旋转轴，配合"Ctrl"键旋转 60°复制一个，完成后在数值输入栏输入"5*"，等角度复制 5 个，完成吊灯模型制作，如图 2-293 所示。

（6）第 6 步命名并保存模型。

图 2-293

### 2.4.3　树池坐凳的方案表现

树池坐凳完成图如图 2－294 所示，模型主要由树池模型、坐凳支撑模型和坐凳木板三部分组成。从模型整体造型应该马上联想到使用旋转复制的方法来完成，模型各部分分开创建均以坐标原点作为创建参考点，各种对齐都有参考依据，能保证模型各尺寸准确，具体操作方法如下：

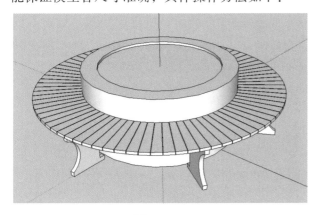

图 2－294

（1）创建树池模型：使用"圆"工具，以坐标原点为圆心，在 XY 平面绘制一个半径为 580 的圆，将其推拉 500 高度，如图 2－295 所示；使用"偏移"工具，将树池顶部圆向内偏移 120，并将分割的内圆向下推拉 20，完成树池模型创建，将其创建为群组，如图 2－296 所示。

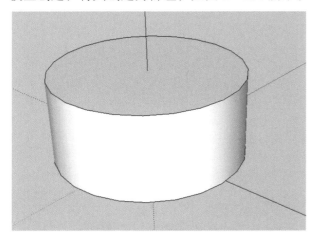

图 2－295

（2）创建单个坐凳支撑模型：将树池模型隐藏，使用"矩形"工具，以坐标原点为右下端点，在 YZ 平面创建一个 300×300 矩形，使用

"卷尺"工具、"直线"工具和"圆弧"工具将矩形编辑成如图 2－297 所示造型；使用"推拉"工具将造型推拉 30 并将模型创建为群组，将模型厚度中心对齐 Y 轴，完成单个坐凳支撑模型，如图 2－298 所示。

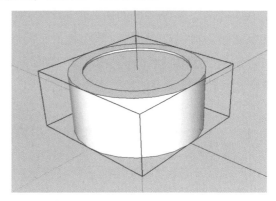

图 2－296

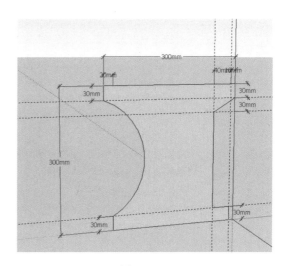

图 2－297

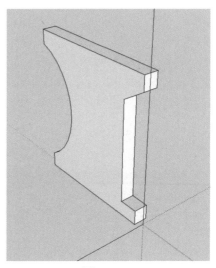

图 2－298

（3）创建坐凳木板支撑模型：将坐凳支撑模型隐藏，以坐标原点为圆心，在 XY 平面绘制一个半径为 900mm 的圆，使用"偏移工具"将其向内分别偏移 60mm、140mm、60mm，完成如图 2-299 所示；删除第二个圆和中心的圆，如图 2-300 所示；将剩余的圆向上推拉 20mm，并将对象创建为群组，如图 2-301 所示；将群组锁定 Z 轴向上移动 300mm，如图 2-302 所示，完成坐凳木板支撑模型创建。

（4）第 4 步创建单个坐凳木板模型：将坐凳木板支撑模型隐藏，使用"矩形"工具，以坐标原点为右侧端点，在 XY 平面创建一个 70×350 矩形，完成后将矩形右侧中心对齐原点，如图 2-303 所示；将矩形向上推拉 20，如图 2-304 所示；双击靠原点一侧的高度面，将线面选择，使用"缩放"工具配合"Ctrl"键将缩放中心放置在面的中心，选择表面夹点将对象缩放 0.6 倍，如图 2-305 所示；将单个坐凳模板对象创建为群组，并将其沿 Z 轴向上移动 320，完成如图 2-306 所示。

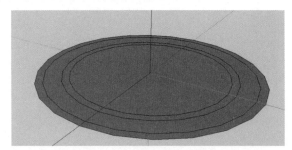

图 2-299

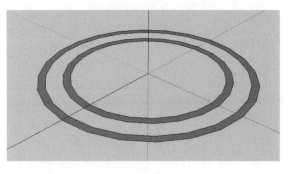

图 2-300

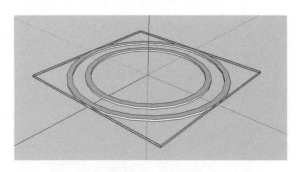

图 2-301

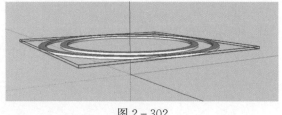

图 2-302

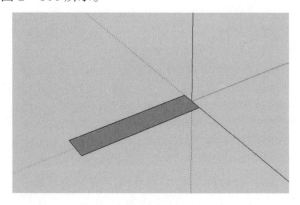

图 2-303

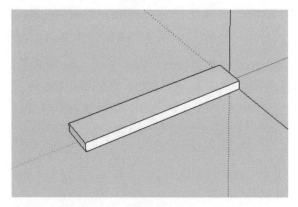

图 2-304

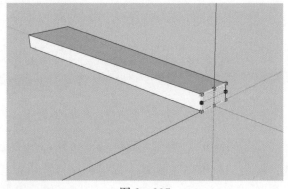

图 2-305

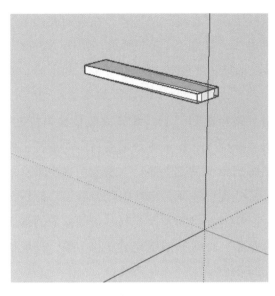

图 2-306

（5）调整支撑和坐板位置：将坐凳木板支撑模型和坐凳木板模型取消隐藏，使用"移动"工具 ✥ 将坐凳木板支撑模型沿 Y 轴向左移动 600，如图 2-307 所示；将坐凳木板模型沿 Y 轴向左移动 600，如图 2-308 所示。

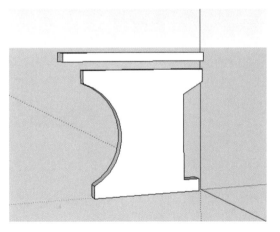

图 2-307

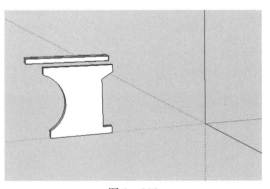

图 2-308

（6）旋转复制支撑和坐板模型：选择坐凳木板支撑模型，使用"旋转"工具 ⟳，以原点为旋转中心，XY 为旋转平面，Y 轴为旋转轴向，配合"Ctrl"键将坐凳木板支撑模型旋转 60°将对象旋转复制一个，完成后在数值输入框输入"5*"，将对象等角度复制 5 个，如图 2-309 所示；使用同样的旋转参数，将坐凳木板模型旋转复制 4.5°，完成后在数值输入框输入"80*"，如图 2-310 所示；将树池模型取消隐藏，并将所有模型选择并创建为群组，完成全部模型创建，如图 2-311 所示。

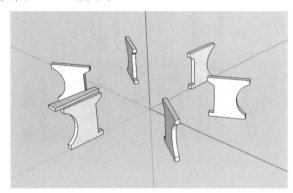

图 2-309

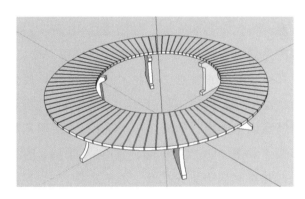

图 2-310

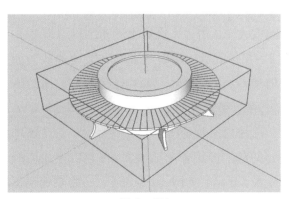

图 2-311

（7）第 7 步命名并保存模型。

### 2.4.4　餐桌组合的方案表现

餐桌组合造型参考图如 2 - 312 所示，模型餐桌和餐椅组成。餐桌模型由桌面、桌腿组成，桌腿可使用复制的方法完成；餐椅由椅腿、椅靠及座面组成，餐桌及餐椅模型边角都有圆角和倒角造型效果，可使用"圆角插件"完成，具体操作步骤如下：

图 2 - 312

（1）创建餐桌基础模型：使用"矩形"工具 ▨，以坐标原点为基点，绘制一个 1400×800 的矩形，将其向上推拉 40，如图 2 - 313 所示；双击选择餐桌面模型底面及轮廓线，使用"缩放"工具 ▦ 选择对角夹点，按住"Ctrl"键将缩放中心放置在对象中心，将底面缩小 0.95 倍，完成后将模型创建群组，如图 2 - 314 所示；使用"矩形"工具 ▨，在 XY 平面创建一个 40×40 的矩形，并将其向下推拉 720，完成如图 2 - 315 所示；使用从左至右框选的方法，选择顶面及轮廓，使用"缩放"工具 ▦ 选择表面夹点，将其沿 X 轴放大 1.2 倍，完成后沿 Y 轴放大 1.2 倍，如图 2 - 316 所示；使用"直线"工具 ✎ 从顶面垂直向下 80 位置绘制一圈平行于 XY 平面的轮廓线，用于制作桌腿顶部造型，如图 2 - 317 所示；选择顶面及轮廓，使用"缩放"工具 ▦ 选择表面夹点，将其沿 X 轴放大 1.6 倍，完成后沿 Y 轴放大 1.6 倍，如图 2 - 318 所示；将桌腿模型创建为群组，并对其桌面模型底部，如图 2 - 319

所示；使用"直线"工具 ✎，在桌面底面绘制一条对角线，如图 2 - 320 所示；使用"矩形"工具 ▨，在 YZ 平面绘制一个 40×40 的矩形，并将左上中点对其辅助线端点，如图 2 - 321 所示；使用"路径跟随"工具 ⟳，完成桌面横杆制作，使用"推拉"工具 ♦ 将两端适当向内推拉，使模型不露出桌面底部为准，如图 2 - 322 所示；将桌面横杆模型选择，将其创建为群组，使用"直线"工具 ✎ 在桌面顶面绘制一条同方向的对角线作为参考，将横杆模型旋转复制一条，完成如图 2 - 323 所示。

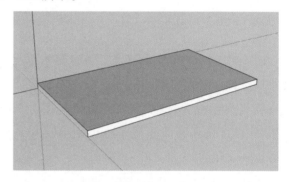

图 2 - 313

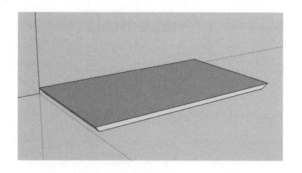

图 2 - 314

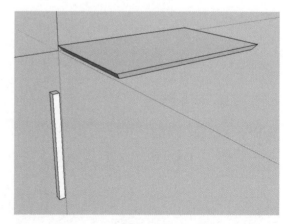

图 2 - 315

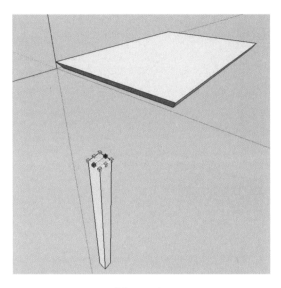

图 2 - 316

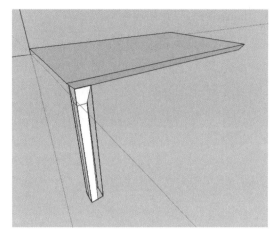

图 2 - 319

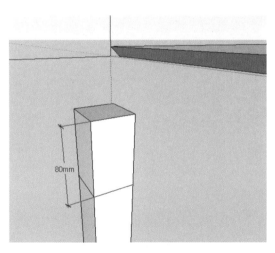

图 2 - 317

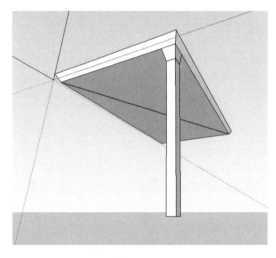

图 2 - 320

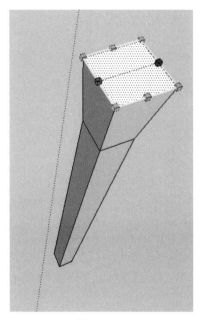

图 2 - 318

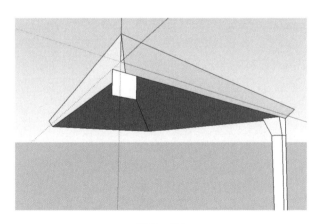

图 2 - 321

（2）完成餐桌模型：双击进入桌面模型群组，选择高度四条垂线，使用"3D 圆角"工具⬡设置圆角半径为 35，完成四周圆角操作，如图 2 - 324 所示；选择顶面轮廓线，进行圆角操作，圆角半径为 5，如图 2 - 325 所示；将桌腿最外侧垂直轮廓线圆角35，相邻两侧垂线圆角5，完成如图3-326所示；将桌腿群组沿X轴镜像复制一个，并对齐桌面，如图2-327所示；再将两个桌腿沿Y轴镜像复制一组，对齐桌面，完成餐桌模型创建，并将其创建为群组，如图2-328所示。

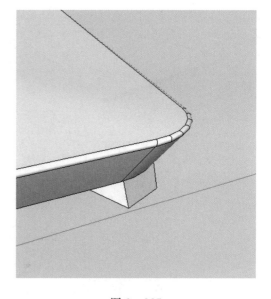

图 2 - 325

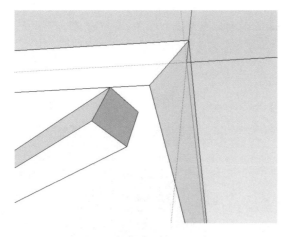

图 2 - 322

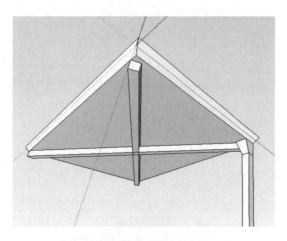

图 2 - 323

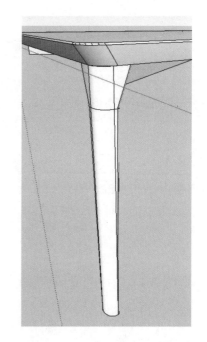

图 2 - 326

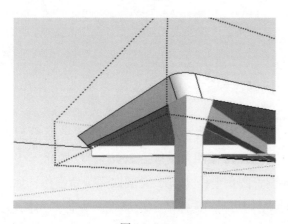

图 2 - 324

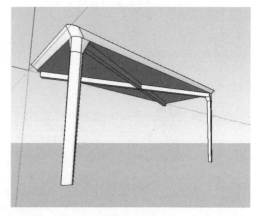

图 2 - 327

图 2 – 328

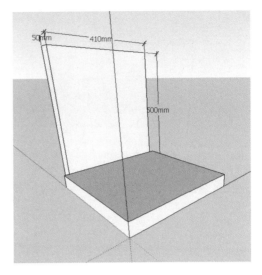

图 2 – 330

（3）创建餐椅基础模型：将餐桌模型隐藏，使用"矩形"工具 ▨，以原点为参考点，绘制一个 450×450 的矩形，并将其向上推拉 50，将其创建为群组，完成餐椅坐垫基础模型创建，如图 2 – 329 所示；使用"矩形"工具 ▨ 和"推拉"工具 ◈，在 XZ 平面绘制一个 410×500×50 的立方体，并将其以下部中点移动对齐坐垫后部中点，完成后其创建为群组，完成餐椅靠垫基础模型，如图 2 – 330 所示；以原点为参考点，绘制一个 430×390 的矩形，将其向下推拉 30，将其创建为群组后移动到按图 2 – 331 尺寸所示的位置，完成坐垫支撑板制作；使用"矩形"工具 ▨ 和"推拉"工具 ◈，在 XY 平面绘制一个 40×40×400 的立方体，将顶部对齐坐垫模型的底部，将其创建为群组后移动到按图 2 – 332 尺寸所示的位置，

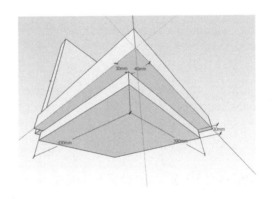

图 2 – 331

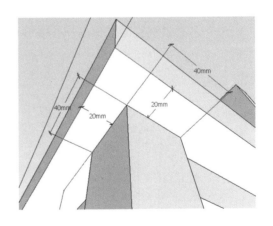

图 2 – 332

完成前椅腿基础模型制作；将椅腿模型向后复制一个，并对齐坐垫模型的底部的端点，完成后椅腿模型的制作，如图 2 – 333 所示；制作后椅腿和椅靠连接模型，使用"矩形"工具 ▨ 和"推拉"工具 ◈，制作 40×20×50 的立方体，创建群组后移动对齐到后椅腿的上部，如图 2 – 334 所示；

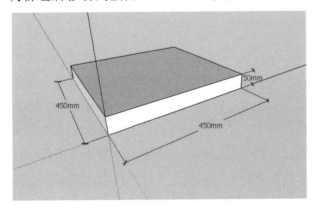

图 2 – 329

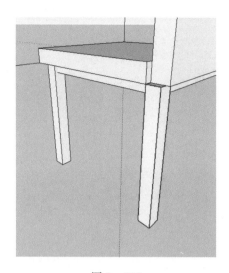

图 2 - 333

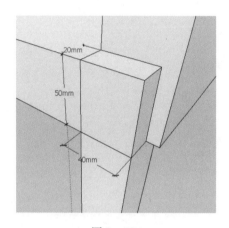

图 2 - 334

使用"矩形"工具▨捕捉刚创建的连接模型顶面绘制矩形，将其向上推拉 250，完成餐椅基础模型，如图 2 - 335 所示。

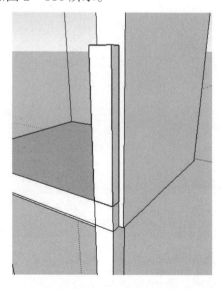

图 2 - 335

（4）调整餐椅造型：调整前椅腿造型，隐藏坐垫模型，进入前椅腿群组，双击选择顶面及线，使用"缩放"工具▨，选择表面夹点，将其沿 X 轴和 Y 轴各向内缩放 1.2 倍，如图 2 - 336 所示；调整后腿造型，进入后椅腿群组，双击选择底面及线，使用"移动"工具✥，将其沿 Y 轴向后移动 25，如图 2 - 337 所示；调整椅靠角

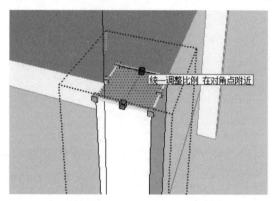

图 2 - 336

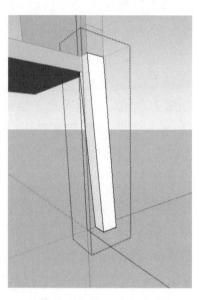

图 2 - 337

度，选择椅靠及靠垫群组，以椅靠右下为旋转中心，将其向后旋转 5°，如图 2 - 338 所示；由于旋转的关系，椅靠与连接部分产生了缝隙，进入椅靠群组，选择下部边线，将其移动对齐连接模型，如图 2 - 339 所示；分别将椅腿、椅靠、连接模型进行镜像复制，并对齐位置，如图 2 - 340所示；调整椅靠及靠垫造型，选择椅靠、靠垫及连接模型，将其创建为群组，使用"自由缩放"

插件（安装程序 FredoScale __ v3.0a. rbz）中"收分缩放"插件工具，选择顶面表面夹点，配合"Ctrl"键，将群组顶部向内缩放 0.85 倍，完成椅靠造型调整，如图 2-341 所示，餐椅造型调整完成。

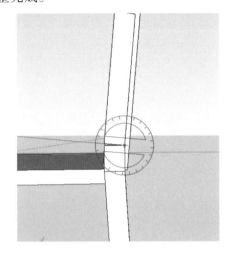

图 2-338

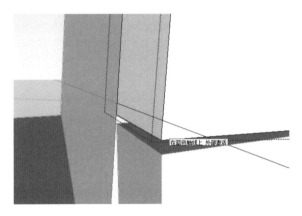

图 2-339

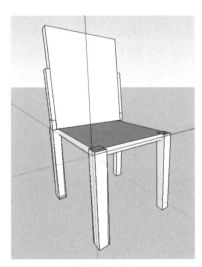

图 2-340

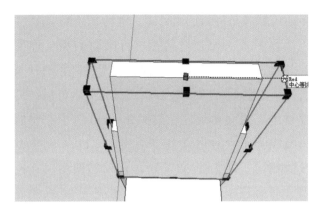

图 2-341

（5）调整餐椅圆角造型：使用"3D 圆角"工具，对坐垫进行圆角处理，选择坐垫四条高度垂线，将其圆角 35，再对顶面轮廓和底面轮廓进行圆角 20，完成如图 2-342 所示；以同样的参数完成对靠垫的圆角处理，如图 2-343 所示；

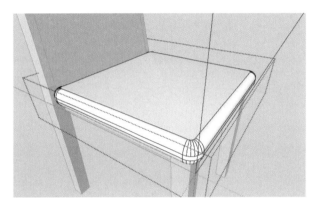

图 2-342

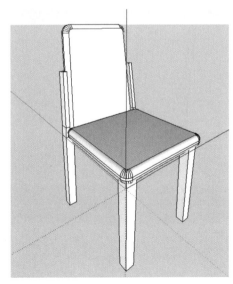

图 2-343

将前椅腿外角进行圆角处理，圆角半径为 25，完成后将另外一个前椅腿也进行圆角处理，如图 2-344 所示；将后椅腿、连接模型、椅靠的外角进行圆角处理，圆角半径为 10，完成后将另一侧模型也进行圆角处理，如图 2-345 所示；将后椅腿相邻两个角进行 10 圆角处理，另一侧模型参数相同，如图 2-346 所示；椅靠模型及连接部分只需将坐垫这一侧相邻边角进行 10 圆角处理，保持与后椅腿模型造型的一致性，另一侧相邻边角与靠垫重叠，无须制作圆角效果，另一侧圆角造型相同，完成后如图 2-347 所示；餐椅模型已经全部完成，将其创建为群组。

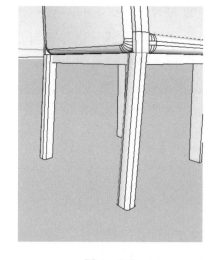

图 2-346

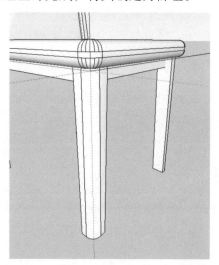

图 2-344

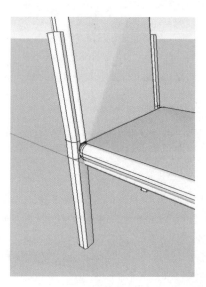

图 2-347

（6）制作餐桌椅组合：使用"移动"工具，以原点为参考点，将餐桌与餐椅在高度上进行对齐，如图 2-348 所示；将餐椅移动到合适的位置，并进行移动复制和镜像复制，调整整体位置，完成餐桌椅组合模型创建，如图 2-349 所示。

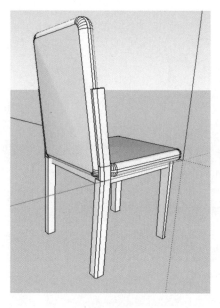

图 2-345

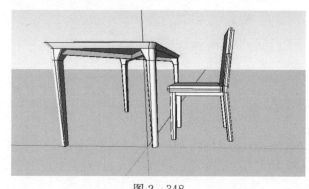

图 2-348

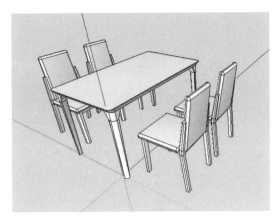

图 2－349

（7）第 7 步命名并保存模型。

### 2.4.5　斗柜组合的方案表现

斗柜组合造型参考图如 2－350 所示，案例样式分五斗柜和四斗柜。斗柜由底座、边框、抽屉组成，底座造型简单，完成后将边角圆角即可；边框可用长方体将四边圆角后，向内偏移出厚度，再将中间部分推拉空即可；抽屉造型分上、中、下三部分，上下可直接镜像复制，中间部分完成一个后可直接复制完成；五斗柜和四斗柜除了顶部边框和抽屉造型有变化，其余可参考五斗柜制作方法，具体操作步骤如下：

图 2－350

（1）制作底座模型：使用"矩形"工具 ▨，以坐标原点为基点，在 XY 平面绘制一个 480×584 的矩形，将其向上推拉 40，使用"偏移"工具 ⬕，将顶面向内偏移 80，将偏移分割出来的面

再向上推拉 20，完成后将底板创建为群组，如图 2－351 所示；使用"矩形"工具 ▨，在 XY 平面绘制一个 30×30 的矩形，将其向上推拉 140，将柜腿创建群组后将顶部对齐如图 2－352 所示位置；双击进入柜腿群组，选择顶面及轮廓线，使用"缩放"工具 ▣ 选择右侧表面夹点沿 Y 轴扩大 1.2 倍，再选择下部表面夹点沿 X 轴扩大 1.2 倍，完成如图 2－353 所示；将单个柜腿模型镜像复制并对齐底板端点，完成如图 2－354 所示；进入底板群组，选择底面轮廓线，使用"3D 圆角"工具 ◉ 设置圆角半径为 30，将底边进行圆角处理，如图 2－355 所示；进入柜腿群组，选择转角相邻的两条轮廓线，将其圆角 20，如图 2－356 所示；将柜腿转角轮廓圆角 2，如图 2－357 所示；将其余三个柜腿模型依据参数也进行圆角处理，完成如图 2－358 所示；使用"实体工具"工具栏中的"实体外壳"工具 ⬙，将底板群组和柜腿群组合并为一个实体组，完成斗柜底座模型创建，如图 2－359 所示；因斗柜整体长宽与底座一致，为方便后续建模工作，需调整底座高度，使用"移动"工具 ✛ 将底座左上角对齐原点，如图 2－360 所示。

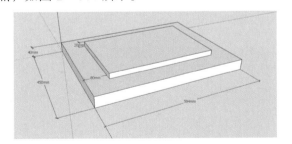

图 2－351

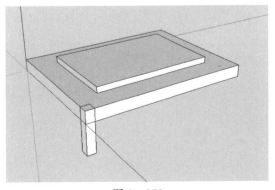

图 2－352

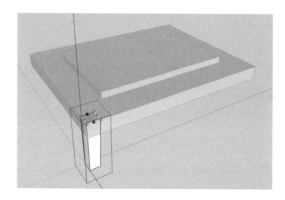

图 2 - 353

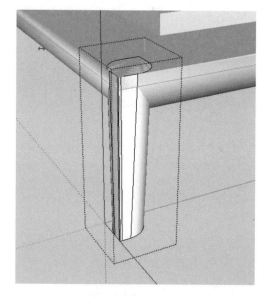

图 2 - 357

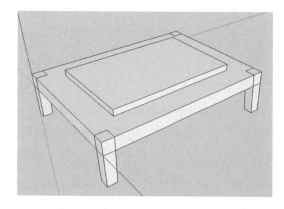

图 2 - 354

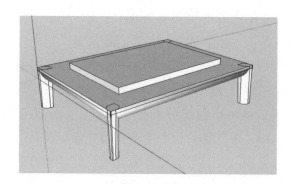

图 2 - 358

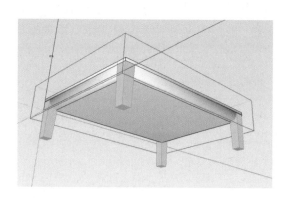

图 2 - 355

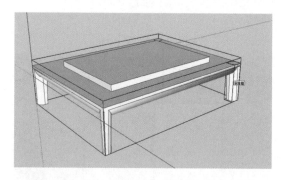

图 2 - 359

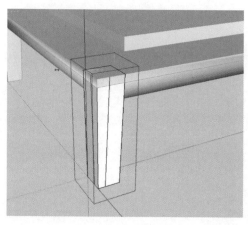

图 2 - 356

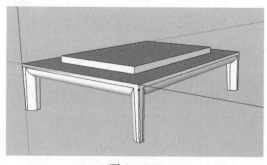

图 2 - 360

（2）制作斗柜边框模型：使用"矩形"工具 ▨ 捕捉底座顶面对角端点绘制一个矩形，将其推拉1002，完成后将模型创建群组，并沿 Z 轴向上移动 20 对齐底座顶面，如图 2－361 所示；使用"3D 圆角"工具 ❀ 将侧面四个转角轮廓线圆角 30，如图 2－362 所示；使用"偏移"工具 ⤵ 将模型正面向内偏移 20，并将分割出来的面向内推拉 450，完成斗柜边框模型制作，如图 2－363所示。

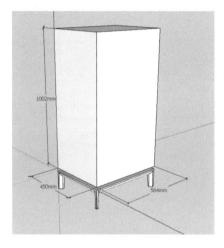

图 2－361

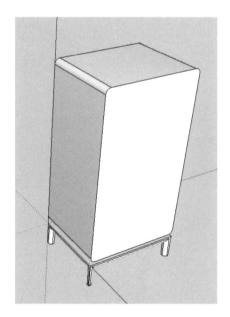

图 2－362

（3）制作上下抽屉模型：首先制作底部抽屉模型，使用"矩形"工具 ▨ 在 YZ 平面绘制一个 190×540 的矩形，并向后推拉 450，如图 2－364

所示；使用"3D 圆角"工具 ❀ 将底部厚度转角轮廓线圆角 10，将底部抽屉模型创建为群组，如图 2－365 所示；使用"移动"工具 ✥ 将底部抽屉模型正面底边中点对齐边框模型正面内框边中点，并将抽屉模型沿 Z 轴向上移动 2，保证抽屉与边框两侧和底部都留 2 边缝，如图 2－366 所示；制作抽屉拉手，使用"卷尺"工具 ⟋ 如图 2－367 所示完成面分割辅助线；使用"矩形"工具 ▨ 将面进行分割，如图 2－368 所示；将拉手部分向内推拉 15，并选择拉手部分三条边线，将其向内 5 复制一组，如图 2－369 所示；将分割出来内部 10 厚度的两侧及下部各向内推拉 10，如图 2－370 所示；使用"直线"工具 ✐ 在左侧拉手转角处绘制一条 20 长的辅助线，如图 2－371 所示；使用"起点、终点和凸起部分绘制圆弧"工具 ⟋ 绘制一段相切的圆弧，如图 2－372所示；选择圆弧及边线，将其向右镜像复制一份，并对齐右侧拉手转角，如图 2－373 所示；使用"推拉"工具 ✥ 将两组圆弧面向内推拉 5，删除多余的线和参考线，如图 2－374 所示；使用"3D 圆角"工具 ❀ 设置圆角半径为 2.5，将拉手处内外轮廓进行圆角处理，完成底部抽屉模型制作，如图 2－375 所示；将底部抽屉模型沿 Z 轴向上镜像复制一个，并对齐边框模型顶部内边中点，向下移动 2，完成上部抽屉模型制作，如图 2－376 所示。

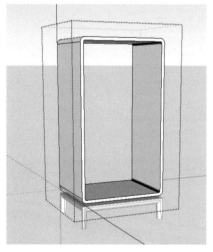

图 2－363

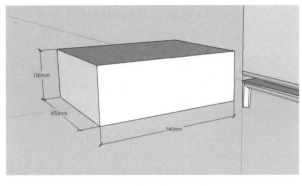

图 2 - 364

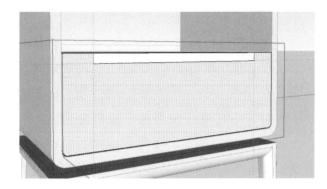

图 2 - 368

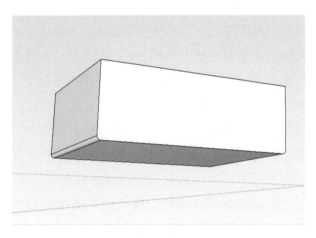

图 2 - 365

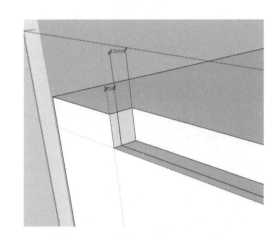

图 2 - 369

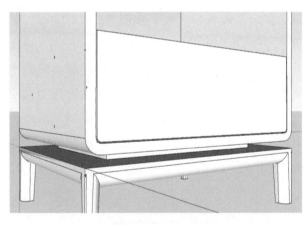

图 2 - 366

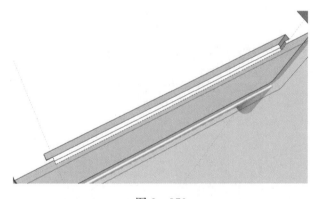

图 2 - 370

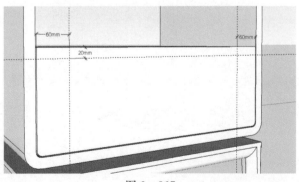

图 2 - 367

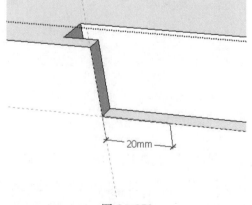

图 2 - 371

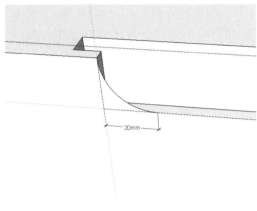

图 2-372

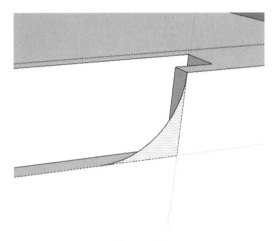

图 2-373

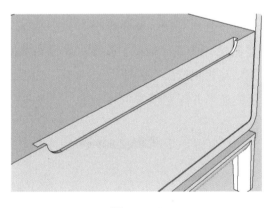

图 2-374

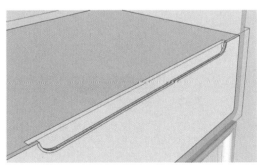

图 2-375

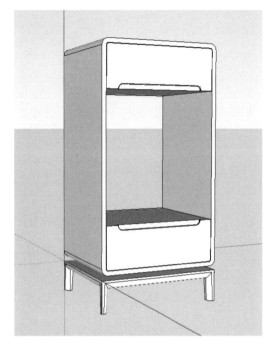

图 2-376

（4）制作中间抽屉模型：中间抽屉长宽高与底部抽屉一致，造型四周没有圆角效果，拉手上下都有，先制作一个长 540×宽 450×高 95 的立方体，如图 2-377 所示；依据前述方法和尺寸制作上部拉手，并创建群组，如图 2-378 所示；将群组向下镜像复制一个，并上下对齐，如图 2-379 所示；将两个群组各自分解，逐一删除中间的分割线，再次将抽屉模型全选，将其创建为群组，如图 2-380 所示；使用"移动"工具❖将其移动对齐到底部抽屉的上方，并预留 2 边缝，再向上移动复制 192，完成后输入"2*"，完成全部抽屉模型及全部五斗柜模型，如图 2-381 所示。

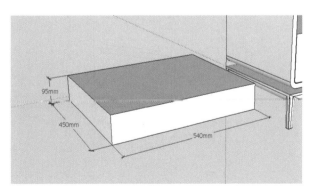

图 2-377

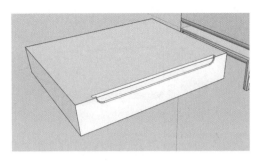

图 2 - 378

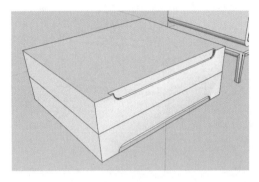

图 2 - 379

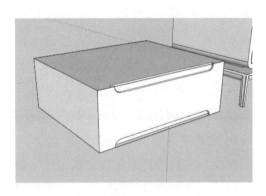

图 2 - 380

图 2 - 381

（5）制作四斗柜模型：四斗柜与五斗柜相比，顶部抽屉造型何边框造型有变化，其余可沿用五斗柜模型，先将五斗柜整体向右复制一个，并将五斗柜隐藏，删除最上面两个抽屉，并将剩余三个抽屉隐藏，如图 2 - 382 所示；进入边框群组，只有"直线"工具 ✏ 捕捉侧面中点，沿边框厚度绘制一条 XY 平面轮廓线，在另一侧也绘制一条，将边框分成上下两个部分，如图 2 - 383 所示；删除上半部分，并将抽屉模型显示出来，如图 2 - 384 所示；依据前述尺寸与方法，制作一个无圆角，下方有拉手的抽屉，如图 2 - 385 所示；利用捕捉功能，将边框厚度向上推拉至抽屉高度，并再向上推拉 40，如图 2 - 386 所示；如图 2 - 387 所示尺寸，使用"卷尺"工具 🖊 在边框厚度拉参考线，分别绘制三条分割线，将厚度进行分割；依据面的分割，从后向前依次推拉 40 和 20，如图 2 - 388 所示；使用"起点、终点和凸起部分绘制圆弧"工具在侧面绘制相切的圆弧，如图 2 - 389 所示；将圆弧推拉 20，调整好表面显示，删除多余的线，如图 2 - 390 所示；创建顶板和背板，如图 2 - 391 所示；将边框前部转角进行圆角处理，圆角半径为 20，完成四斗柜模型创建，将五斗柜取消隐藏，调整好两者位置，完成整斗柜组合模型创建，如图 2 - 392 所示。

（6）命名并保存模型。

图 2 - 382

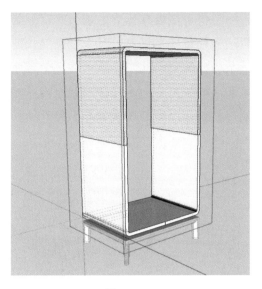

图 2 – 383

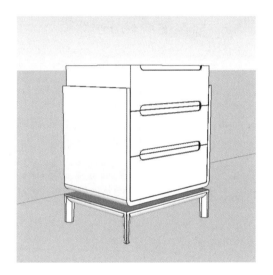

图 2 – 384

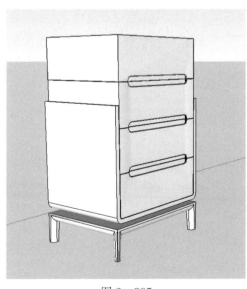

图 2 – 385

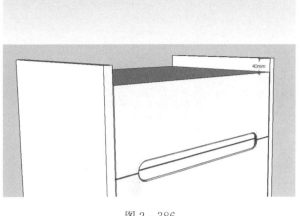

图 2 – 386

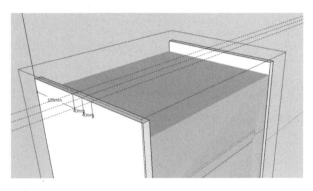

图 2 – 387

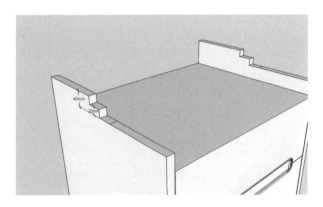

图 2 – 388

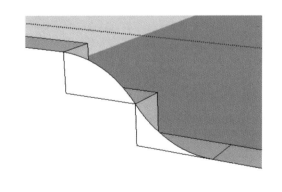

图 2 – 389

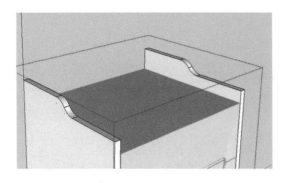

图 2 - 390

图 2 - 391

图 2 - 392

### 2.4.6  沙发组合的方案表现

沙发组合造型参考图如 2 - 393 所示，造型由单人沙发、多人沙发、脚靠和茶几组成。脚靠模型制作最为简单，由底部框架和垫子组成；单人沙发由扶手框架、座板框架、靠背框架及垫子

组成，注意扶手横板有弧形处理，靠背框架与扶手横板结合处造型是难点，多人沙发除长度尺寸外，其余造型与单人沙发一致；茶几由台面、茶几腿和底部抽屉组合，茶几腿是制作难点；本着由易到难的制作原则，先从脚靠模型开始，依次制作单人沙发、多人沙发，最后制作茶几，具体制作步骤如下：

图 2 - 393

（1）制作脚靠模型：以坐标原点为基点，依据图 2 - 394 所示尺寸，分别创建垫子、底部框架和支撑脚基础模型，并分别创建为群组；进入垫子群组，使用"3D 圆角"工具 先将四周转角圆角 35，在将顶面轮廓和底面轮廓圆角 20，如图 2 - 395 所示；使用"实体外壳"工具 将底部框架及四个支撑腿创建实体组，如图 2 - 396 所示；使用"3D 圆角"工具 将框架实体组四周转角圆角 35，在将顶面轮廓圆角 5，如图 2 - 397 所示；完成脚靠模型后将其创建为群组并隐藏。

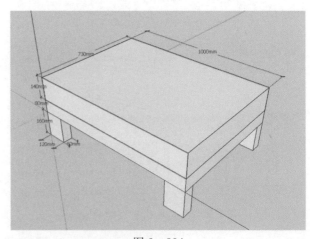

图 2 - 394

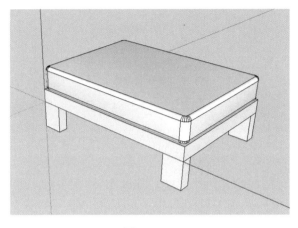

图 2-395

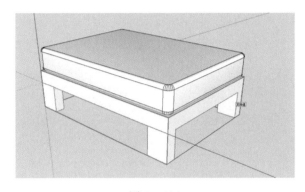

图 2-396

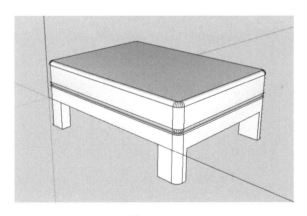

图 2-397

（2）制作单人沙发基础模型：以坐标原点为基点，依据图 2-398 所示尺寸，创建沙发座板模型，创建为群组；依据图 2-399、图 2-400 所示尺寸及位置，创建沙发扶手支撑模型；使用"矩形"工具▨ 在 XY 平面绘制一个 850×120 的矩形，如图 2-401 所示，并在图 2-402 处绘制一段相切的圆弧；将扶手向上推拉 25，并将扶手底部对齐支撑模型顶部，扶手右后对齐后支撑模型右后，如图 2-403 所示；将扶手整体模型向

右镜像复制一组，并移动到对应的位置，将座板模型沿 Z 轴向上移动 160，如图 2-404 所示；如图 2-405 所示造型及尺创建背靠模型，将模型分别创建为群组，并放置在座板上部，后面对齐；将背靠横版模型沿 Z 轴向下复制一个到底部，完成后在数值输入框输入"/4"，将模型均分复制 4 份，完成背靠模型创建，如图 2-406 所示；创建沙发垫子，如图 2-407 所示尺寸创建两个立方体，并将其移动到沙发框架内；将靠垫及靠背模型选择，使用"旋转"工具 ↻ 以图 2-408 所示点为旋转轴心，将对象逆时针旋转 5°，并将模型适当向后移动；由于旋转的原因，靠背与扶手连接处产生了缝隙，选择靠背轮廓边，使用"移动"工具✥将其沿边线向下移动至扶手面，将缝隙修补，如图 2-409 所示，至此沙发基础模型全部完成。

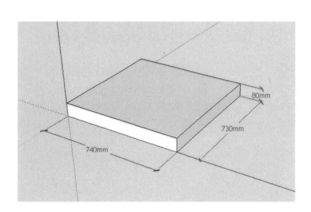

图 2-398

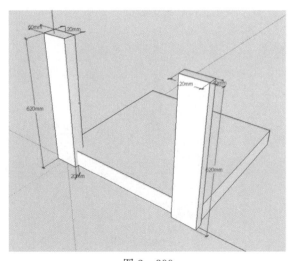

图 2-399

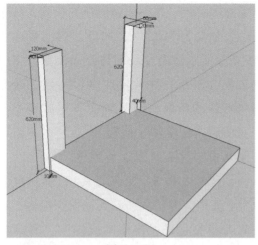

图 2 - 400

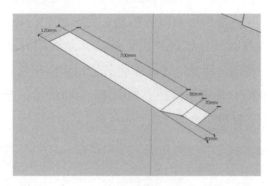

图 2 - 401

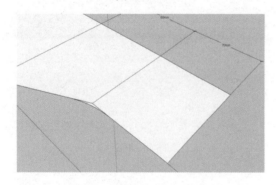

图 2 - 402

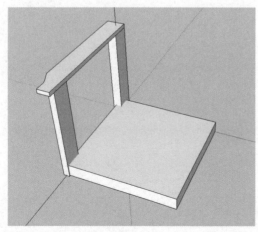

图 2 - 403

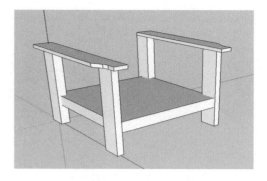

图 2 - 404

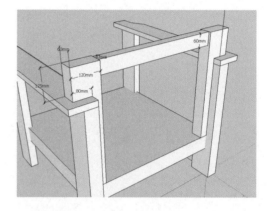

图 2 - 405

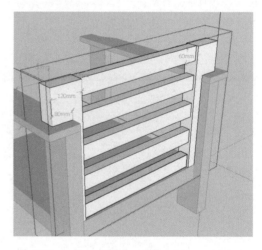

图 2 - 406

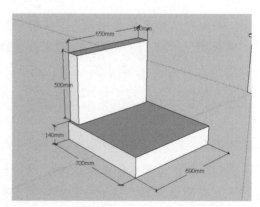

图 2 - 407

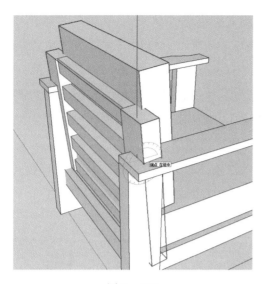

图 2-408

图 2-409

（3）细化单人沙发模型：使用"3D 圆角"工具 ⚙ 对沙发扶手模型进行圆角处理，选择沙发扶手厚度轮廓线，将其圆角 20，将扶手顶面轮廓圆角 5，底面轮廓圆角 15，另一侧扶手也按此参数进行圆角处理，如图 2-410 所示；对沙发扶手支撑模型进行圆角处理，使用"3D 圆角"工具 ⚙ 选择前支撑模型，将靠外侧两转角进行 20 圆角处理，后支撑模型四个转角都进行 20 圆角处理，另一侧扶手支撑模型也按此参数进行圆角处理，完成如图 2-411 所示；使用"3D 圆角"工具 ⚙ 对沙发垫子模型进行圆角处理，坐垫和靠垫厚度均以 15 圆角进行处理，如图 2-412 所示；对沙发靠背模型进行圆角处理，选择靠背侧面外露的转角轮廓线，将其圆角 5，如图 2-413

所示；将靠背顶面轮廓线进行 5 的圆角，如图 2-414 所示；对第一根横杆顶面外露轮廓线进行 5 的圆角，如图 2-415 所示，单人沙发模型已经创建完成，将其创建为群组并向右复制一个，如图 2-416 所示。

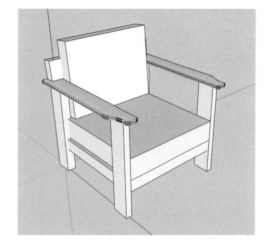

图 2-410

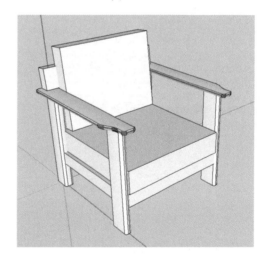

图 2-411

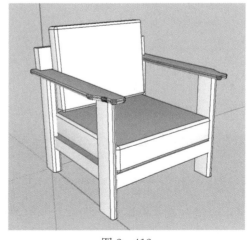

图 2-412

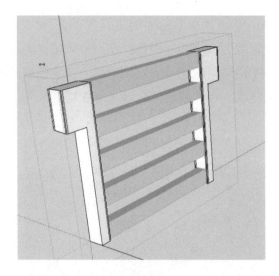

图 2 – 413

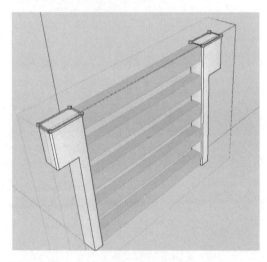

图 2 – 414

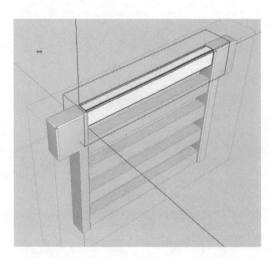

图 2 – 415

扶手及支撑模型，将其沿 Y 轴向右移动 1400，如图 2 – 417 所示；使用同样的方法将背靠右侧模型向右移动 1400，如图 2 – 418 所示；使用"推拉"工具 将靠背横杆及座板模型右侧面向右推拉 1400，对齐扶手模型，如图 2 – 419 所示；将垫子模型向右 700 复制一组，完成后在数值输入栏输入"2*"，完成三人沙发模型创建，并将其创建为群组，如图 2 – 420 所示。

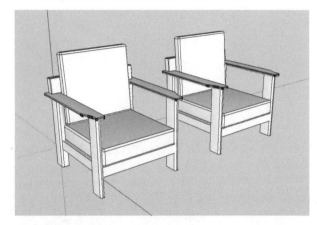

图 2 – 416

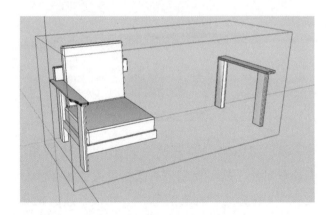

图 2 – 417

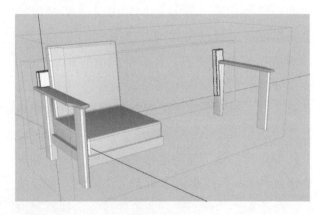

图 2 – 418

（4）创建三人沙发模型：将单人沙发模型隐藏，选择复制的单人沙发，进入群组，选择右侧

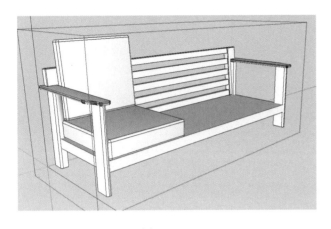

图 2-419

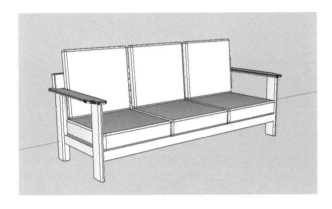

图 2-420

（5）创建茶几基础模型：以坐标原点为基点，依据图 2-421 所示尺寸，分别创建茶几台面和底部抽屉基础模型，并分别创建为群组；切换为"X 光透视模式" ，将抽屉基础模型顶面中心对齐茶几台面模型底面中心，如图 2-422 所示；如图 2-423 所示尺寸及位置，完成茶几腿模型创建，创建群组后并移动到图中位置；进入茶几腿群组，框选顶部轮廓线及面，使用"缩放"工具 选择右边表面夹点，将其向右扩大1.2 倍，如图 2-424 所示；使用"旋转"工具 以茶几腿模型底部端点为旋转中心，以 Y 轴为旋转轴线，将其逆时针旋转复制一个，完成后将底部端点移动对齐，如图 2-425 所示；将两侧桌腿分别沿 X 轴和 Y 轴镜像复制一个，并移动到对应的位置，完成长段两侧桌腿制作，完成后将抽屉基础模型沿 Z 轴向下移动 175，如图 2-426

所示；创建茶几腿横杆模型，先创建如图 2-427 所示两个长方体；将其对齐台面底面，并对齐茶几腿转角点，如图 2-428 所示；使用"直线"工具 沿茶几腿和横杆外轮廓各绘制一条 35 的辅助线，如图 2-429 所示；使用"起点、终点和凸起部分绘制圆弧"工具 捕捉辅助线端点，绘制一段相切的圆弧，并向内推拉 18，如图 2-430 所示；将圆弧对象分别旋转复制和镜像复制到其他横杆与茶几腿转折处，如图 2-431 所示；使用"实体外壳"工具 将长端和短端茶几腿和横杆分别建立实体组，如图 2-432 所示；分别将长端实体组和短端实体组进行移动复制，并对齐端点，如图 2-433 所示；再次使用"实体外壳"工具 将四组实体组组成一组实体组，完成茶几基础模型创建，如图 2-434 所示；

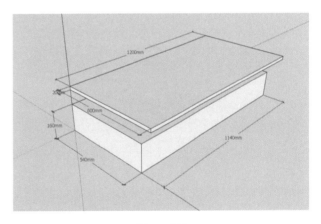

图 2-421

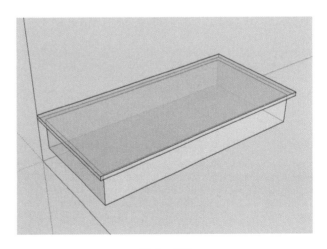

图 2-422

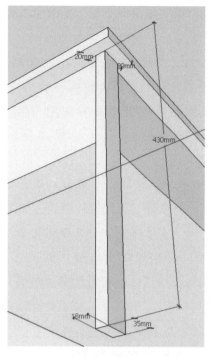

图 2 - 423

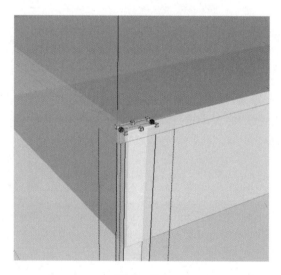

图 2 - 424

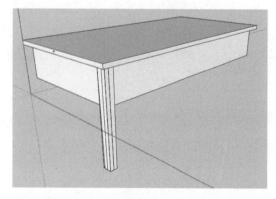

图 2 - 425

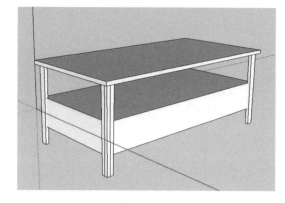

图 2 - 426

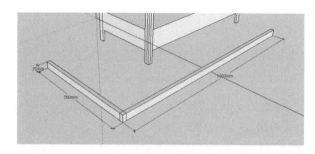

图 2 - 427

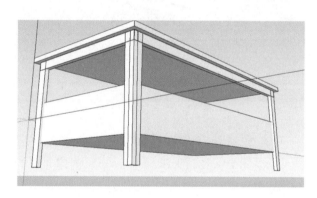

图 2 - 428

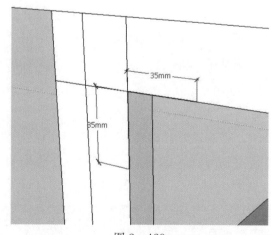

图 2 - 429

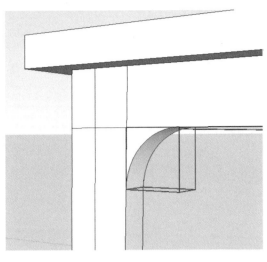

图 2－430

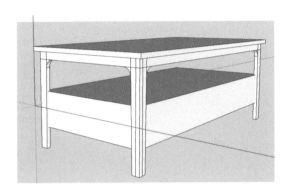

图 2－431

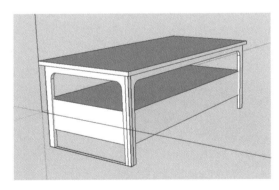

图 2－432

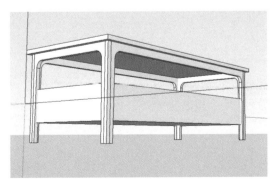

图 2－433

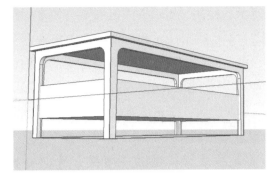

图 2－434

（6）细化茶几模型：使用"3D 圆角"工具
对茶几腿实体组进行圆角处理，四条茶几腿外
侧转角圆角半径为 20，如图 2－435 所示；相邻
的两条轮廓边圆角半径为 5，如图 2－436 所示；
对茶几台面进行圆角处理，台面四个转角圆角半
径为 20，台面顶面轮廓和底面轮廓圆角半径为
8，如图 2－437 所示。

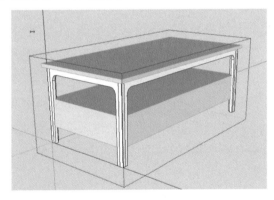

图 2－435

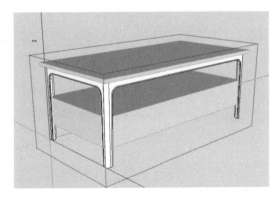

图 2－436

（7）细化抽屉组模型：将台面和茶几腿模型
隐藏，进入抽屉模型组合，选择顶面长边轮廓
线，将其沿 Z 轴向下移动复制 10，并将分割出来
的面向内推拉 20，另一侧同样处理，如图 2－

438 所示；使用"矩形"工具 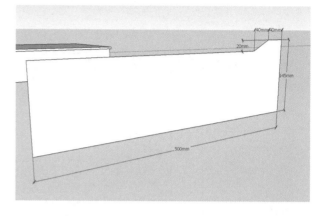 在 YZ 平面绘制如图 2 - 439 所示尺寸和造型的面；将面向后推拉 5，将后面向内偏移 10，再将分割的面向后推拉 10，将其创建为群组，完成抽屉表面模型，如图 2 - 440 所示；使用"直线"工具 在抽屉基础模型顶面绘制一条中线，抽屉面也绘制一条中线，将抽屉表面模型对齐中线，并向右移动 2.5，如图 2 - 441 所示；选择顶面分割出的左侧面，使用"偏移"工具 向内偏移 20，再次偏移 5，将分割出的 5 缝向内推拉 2，右侧面也进行对称处理，完成顶面造型缝；选择抽屉面分割中线，将其向左和向右各移动复制 2.5，删除中线，将分割面向内推拉 2，完成抽屉面造型缝，如图 2 - 442 所示；进入抽屉拉手群组，在抽屉拉手阴角部分绘制一段相切的圆弧，并向内推拉 5，删除多余的线，如图 2 - 443 所示；对抽屉拉手模型上部内外轮廓进行圆角处理，圆角半径为 2，完成图如 2 - 444 所示；镜像复制另一侧抽屉模型，并将两个抽屉模型镜像复制到对面，并对齐位置，如图 2 - 445 所示，完成抽屉拉手模型制作；对抽屉模型顶面轮廓线进行 5 圆角，完成抽屉所有模型制作，如图 2 - 446 所示。

图 2 - 439

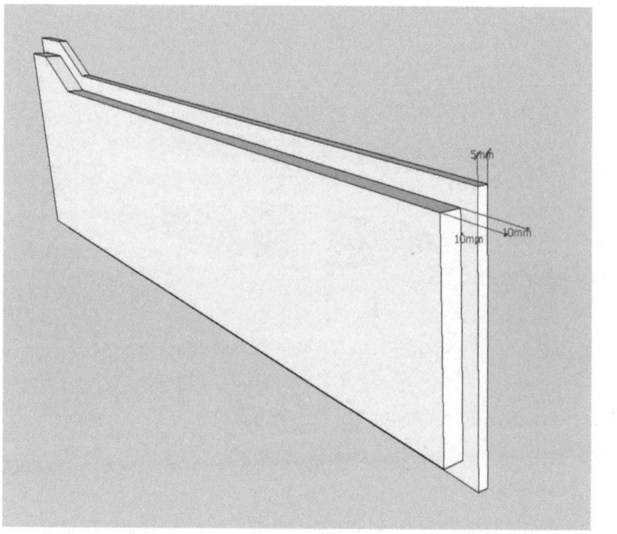

图 2 - 440

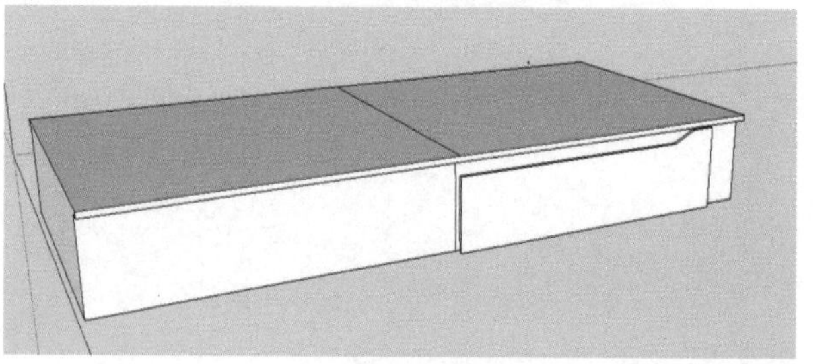

图 2 - 441

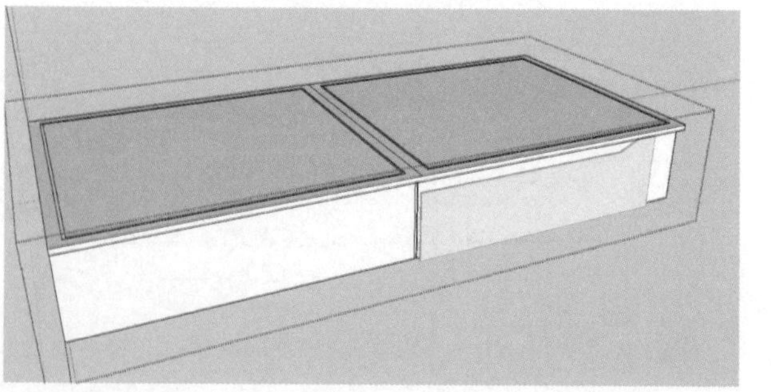

图 2 - 442

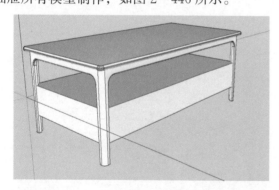

图 2 - 437

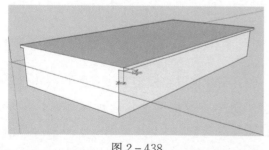

图 2 - 438

（8）调整各模型位置：取消所有模型的隐藏，先将茶几模型创建为群组，将所有的模型以底部对齐圆心，使所有的模型在同一水平面上，如图 2-447 所示；此时各模型有重叠现象，由于各自都是独立的群组，不会产生模型粘连现象，依据参考图造型，将模型摆放好，完成整体模型的创建，如图 2-448 所示。

（9）命名并保存模型。

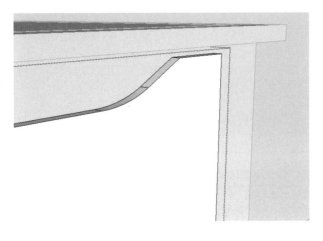

图 2-443

图 2-444

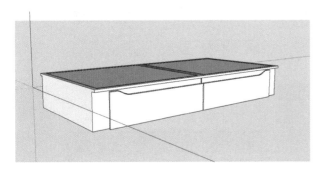

图 2-445

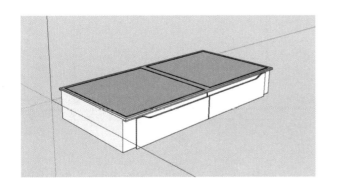

图 2-446

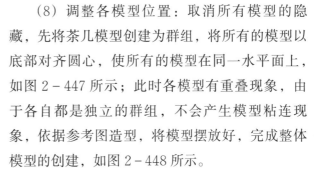

图 2-447

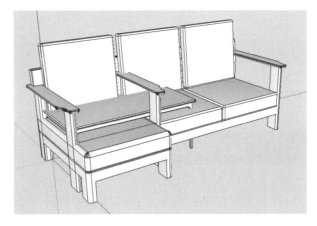

图 2-448

## 第3章 专项阶段：SketchUp 重点工具介绍

### 3.1 SketchUp 图层与管理

在创建模型的过程中，可以将模型拆分并分别放置在不同的图层中，可有选择地显示或隐藏图层，以便于对模型进行编辑，从而提高建模效率。

#### 3.1.1 SketchUp 打开"图层"面板

执行菜单栏"窗口—图层"菜单命令，打开图层管理器，如图 3-1 所示；还可通过菜单栏"视图—工具栏"，在"工具栏"中勾选"图层"，打开"图层管理器"面板，如图 3-2 所示。

图 3-1

#### 3.1.2 图层的编辑

（1）单击"添加图层"按钮 ⊕ 可以新建一个

图层，新建图层的颜色会区别于其他图层，为方便快速寻找图层，图层颜色可进行修改，如图 3-3 所示。

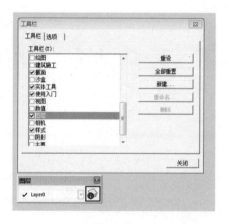

图 3-2

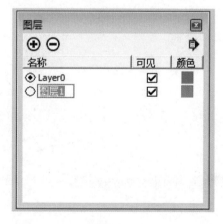

图 3-3

（2）单击"删除图层"按钮 ⊖ 可以将选中图层进行删除，如果选中图层中包含有对象，会弹出"删除包含图元的图层"对话框，提示图层中的对象处理方式。如图 3-4 所示。

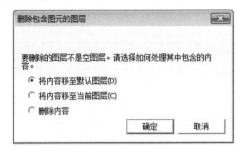

图 3-4

（3）"名称"标签列出所有图层的名称，图层名称前圆圈内有一点表示该图层为当前图层，单击图层名称可输入新图层名称，完成后按"Enter"键即可，如图 3-5 所示。

图 3-5

（4）"可见"标签用于显示或隐藏图层，默认为所有图层可见，去掉勾选表示隐藏图层，当前图层不可隐藏。

（5）"颜色"标签列出了所有图层的颜色，单击"颜色"弹出"赋予材质"对话框，可以改变图层颜色；"赋予材质"对话框中"拾色器"有四种模式，分别是"色轮"模式、"HLS"模式、"HSB"模式和"RGB"模式，如图 3-6 至图 3-9 所示，色轮可以直接取色，HLS 分别代表色相、亮度和饱和度。HSB 分别代表色相、饱和度和明度，RGB 分别代表红、绿、蓝三色，后三种模式用户都可通过数值输入对颜色进行精确调节。

图 3-6

图 3-7

图 3-8

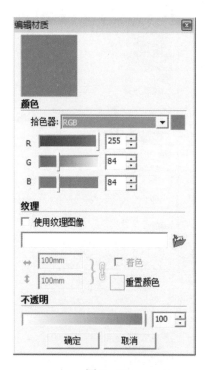

图 3-9

（6）单击右上角"详细信息"按钮，可有"全选""清除"和"图层颜色"三个选项，其中"清除"命令可以清除所有未使用的图层，如图3-10所示。

图 3-10

### 3.1.3　图层属性

在 SketchUp 中，图层的主要功能是将所绘制的图形进行分类、隐藏或者显示，其中对图层颜色的改变不会影响最终材质表现。对图层分类是为了后期对整体设计的部分进行单独修改，不管是选择还是修改都能很好地进行管理。

选择某个或者多个元素对象，右键单击"图元信息"，打开图元信息面板，可通过"图层"下拉菜单改变元素所处的图层，如果只选择某个

面，"图元信息"面板还可显示"面积""投射阴影"和"接收阴影"等相关信息，如图3-11所示。

图 3-11

## 3.2　SketchUp 材质与贴图工具

SketchUp 的"材质"管理器可以选取各种材质对面、群组合组件进行材质赋予，在赋予材质后还可对其进行编辑，改变其材质的名称、颜色、透明度、尺寸大小和位置等主要属性特征。单击"材质"工具（快捷键 B）或执行"窗口—材质"菜单命令可以打开"材质"面板，如图3-12所示。

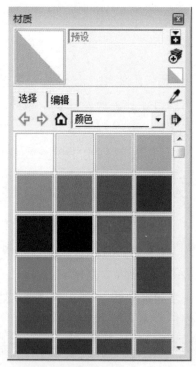

图 3-12

### 3.2.1　材质参数面板

"点按开始使用这种颜料绘画"窗口▧：该窗口用于显示当前选择的材质效果，如果选择的材质已经应用于场景中的物体，则右下角会附带一个白色的三角符号，如图图 3 - 13 所示，场景中使用了"深色地板木质纹"材质纹理，注意该窗口显示变化。

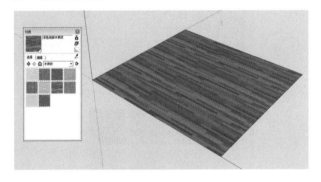

图 3 - 13

"名称"栏：该栏显示当前选择的材质名称，只有已应用于场景中的材质才能修改名称，当前没有应用到场景中的材质名称为灰色显示，不可修改，如图 3 - 14 所示。

图 3 - 14

"显示辅助选择窗格"按钮▧：单击该按钮后将在"材质面板"下方新增材质类型文件，如图 3 - 15 所示。

图 3 - 15

"创建材质"按钮▧：单击该按钮将弹出"创建材质"对话框，在该对话框中可以设置材质的名称、颜色和纹理大小等属性信息，如图 3 - 16 所示。如果我们在预设材质基础上创建新

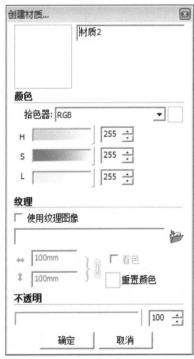

图 3 - 16

材质，"创建材质"对话框的名称、颜色、纹理大小和透明度信息都需我们单独指定，如图 3-17 所示；在已有材质的基础上创建新材质，"创建材质"对话框会继承选择材质中颜色、贴图及纹理大小参数，如图 3-18 所示是在"深色地板木质纹"材质基础上创建新材质的面板参数；"创建材质"面板与"材质参数面板"中编辑选项卡参数是一致的。

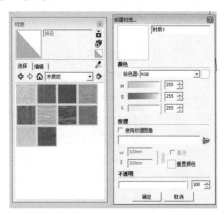

图 3-17

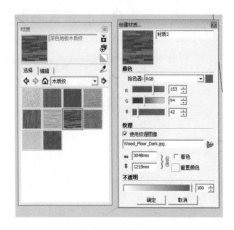

图 3-18

### 3.2.2 选择选项卡

"材质参数面板"中"选择"选项卡界面如图 3-19 所示。

**选择选项卡主要参数**

"前进"按钮➡和"返回"按钮⬅：在浏览材质库时，如果想回看之前的材质内容，可单击"返回"按钮；回看之后，如果想回到之前的材质内容，可单击"前进"按钮回到之前材质内

容，这两个按钮用于前后材质内容之间的切换。

"在模型中的材质"按钮⌂：单击该按钮可以直接切换到"在模型中"材质列表。

"详细信息"按钮➡：单击该按钮将弹出快捷菜单，主要用于材质库的管理和添加新的材质库，如图 3-20 所示。

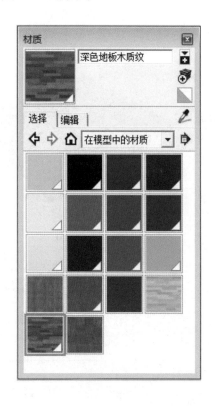

图 3-19

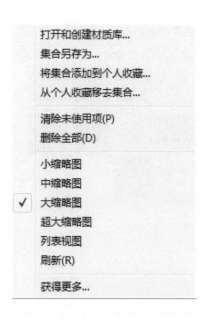

图 3-20

"样本颜料"按钮 ✎：单击该按钮可以从场景中吸取材质，并将该材质设置为当前材质，启用"材质"工具 ⊛ 后按住"Alt"键可切换到"样本颜料"工具，在实际操作中常常用于将场景中材质吸取上来进行编辑修改。

"材质类型"下拉按钮：可以切换"材质"面板下方的显示类型，包含了几何图块、半透明材质、金属、木质纹、颜色等各种材料和贴图，方便材质填充使用，如图 3-21 所示。

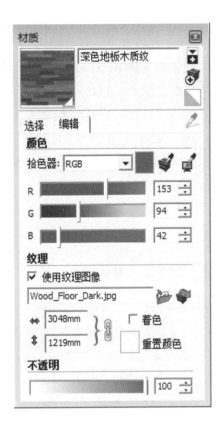

图 3-22

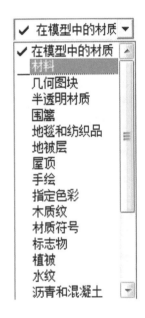

图 3-21

### 3.2.3　编辑选项卡

"材质参数面板"中"编辑"选项卡界面如图 3-22 所示，其中拾色器在 3.1.2 章节已讲述。

"还原颜色更改"按钮 ■：单击该按钮将还原颜色至材质默认颜色，如果使用具有纹理的材质时，系统会根据贴图的颜色设定一个与其相关的颜色，如图 3-23 所示。

"匹配模型中对象的颜色"按钮 ✦：单击该按钮将从模型中取样。

"匹配屏幕上的颜色"按钮 ✦：单击该按钮将从屏幕中取样。

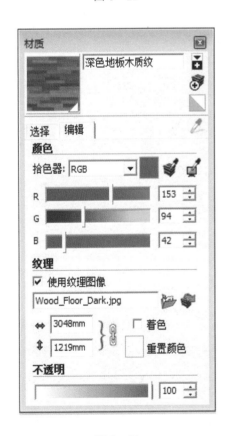

图 3-23

"高宽比"文本框：在 SketchUp 中的贴图都是连续重复的贴图单元，在该文本框中输入数值可以修改贴图单元的大小。默认的长宽比是锁定的，单击"锁定/解除锁定图像高宽比"按钮即可解锁。

"不透明"：材质的透明度介于 0～100 之间，值越小越透明。场景中模型如果被赋予透明度小于 70 的材质将不能产生阴影，SketchUp 中不同透明度所产生的阴影效果是完全一致的，模型材质只有在不透明度值为 100 时，表面才能接受阴影。

### 3.2.4 SketchUp 默认材质

SketchUp 系统默认创建模型以白色和灰蓝色显示正反面，如图 3 – 24 所示。通过执行"窗口—样式"菜单命令，进入"编辑"选项卡，激活"平面布置"按钮□，可以看到 SketchUp 对应设定的正反面颜色，如图 3 – 25 所示。在实际操作中，我们需要检查模型的正反面是否正确显示，可以将反面颜色设定为较为显眼的颜色，方面检查模型正反面显示。

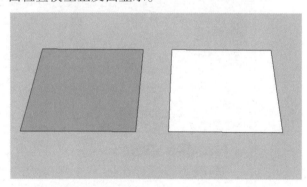

图 3 – 24

### 3.2.5 按键配合赋予材质

SketchUp 材质工具❷可以对模型中单个面或者群组对象进行一次性材质赋予效果，如果配合键盘上的特殊按键，可以实现一些快速的赋予效果。

相邻赋予：启用材质工具❷的同时按住 Ctrl 键，然后将光标放置在模型表面时，材质工具图标右下角出现三个横向排列红色小方块，此时单击鼠标左键可以同时赋予模型表面相邻且使用相同材质的所有表面，如图 3 – 26 所示。

图 3 – 25

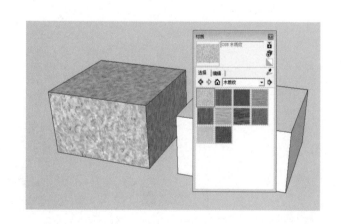

图 3 – 26

材质替换：启用材质工具❷的同时按住 Shift 键，然后将光标放置在模型表面时，材质工具图标右下角出现三个 L 形排列红色小方块，此时单击鼠标左键可以当前材质替换场景中所选表面的材质，如图 3 – 27 和图 3 – 28 所示。

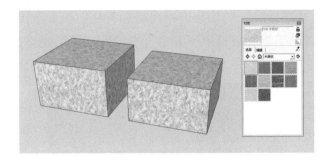

图 3-27

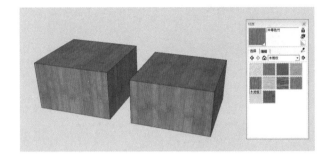

图 3-28

相邻替换：启用材质工具 🖌 的同时按住 Ctrl + Shift 键，然后将光标放置在模型表面时，材质工具图标右下角出现三个竖向排列红色小方块，此时赋予材质可实现"相邻赋予"和"材质替换"的效果。

SketchUp 材质赋予与模型有很大的关系，在建模或者导入外部模型素材时，就单体模型而言，建议依据不同的材质分别对模型进行群组操作和编辑，使用相同材质的模型创建为一个群组，在材质赋予操作时会方便很多，提高制作效率。

### 3.2.6 调整纹理贴图

SketchUp "材质"面板中虽然分门别类地自带了许多贴图文件，但远远不能满足实际工作需要，因此需要大量使用外部贴图素材文件，可以通过"材质"面板中"编辑"选项卡，勾选"使用纹理图像"或单击"浏览"按钮 📁，弹出"选择图像"对话框，依据外部贴图素材文件路径来选择贴图文件作为材质纹理，如图 3-29 所示。

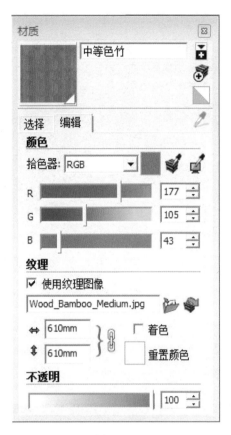

图 3-29

在"编辑"选项卡中，对于贴图我们可以通过纹理的长宽数值来调整整体大小，在实际工作中还需要对位置、角度和比例等进行调整，使纹理贴图的效果显示符合预期的要求。可通过在相应的模型表面上单击鼠标右键，执行"纹理—位置"菜单命令，通过四种别针来对纹理分别进行调整，如图 3-30 和图 3-31 所示。

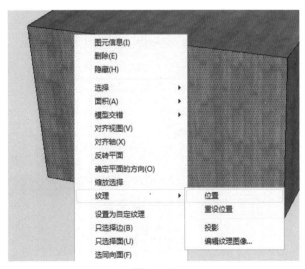

图 3-30

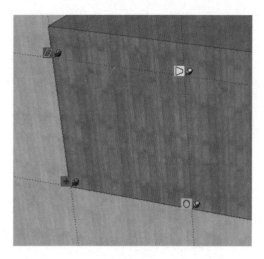

图 3-31

"平行四边形"别针 ![]: 水平拖拽平行四边形蓝色别针可以实现对贴图进行平行四边变形操作，如图 3-32 所示，垂直拖拽可实现贴图单轴向缩放效果，如图 3-33 所示。

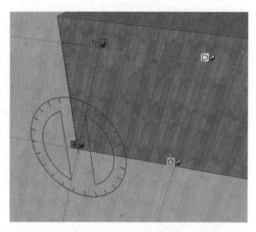

图 3-32

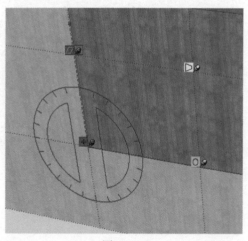

图 3-33

"梯形"别针 ![]: 拖拽梯形黄色别针可实现对贴图进行梯形水平和垂直方向上的变形操作，如图 3-34 所示。

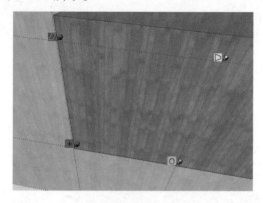

图 3-34

"移动"别针 ![]: 拖拽移动红色别针可以对贴图进行位置移动操作，如图 3-35 所示，也可通过鼠标左键单击贴图表面实现移动操作，如图 3-36 所示。

图 3-35

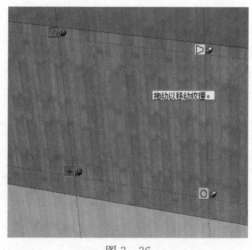

图 3-36

"缩放旋转"别针 ：水平拖拽绿色别针可实现对贴图缩放操作，如图 3-37 所示，垂直拖拽可实现对贴图旋转操作，如图 3-38 所示。

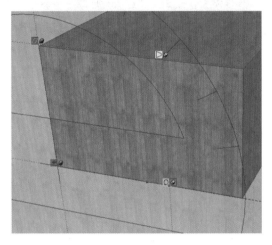

图 3-37

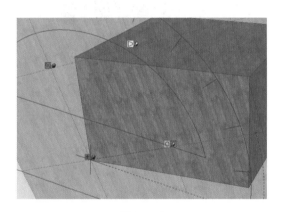

图 3-38

调出四种别针或者完成对别针的操作后，单击鼠标右键，还可通过菜单命令选择"镜像"和"旋转"操作，如图 3-39 和图 3-40 所示。

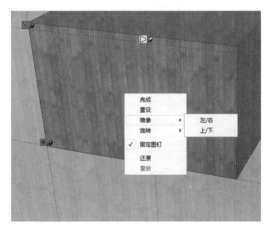

图 3-39

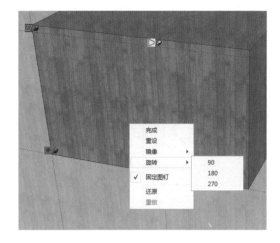

图 3-40

## 3.3　SketchUp 截面工具

截面工具是 SketchUp 的一项重要工具，可以快速制作出封闭模型的剖切效果，方便观察模型结构，如图 3-41 所示。可通过执行"视图—工具栏"菜单命令，在"工具栏"对话框中勾选"截面"即可显示"截面"浮动工具条，如图 3-42

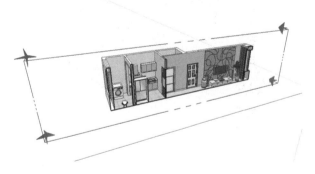

图 3-41

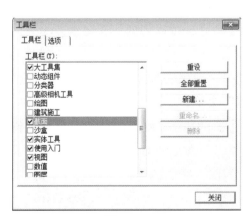

图 3-42

和图 3－43 所示，"截面"工具条包含"剖切面"按钮◆、"显示剖切面"按钮◉和"显示剖面切割"按钮◉。

图 3－43

### 3.3.1　创建与隐藏剖切面

单击"剖切面"按钮◆，此时光标出现剖切面形状，将剖切面放置于对象表面，剖切面会自动吸附对象表面并自动对齐平面，如图 3－44 所示；单击鼠标左键确定从该平面生成剖切面，此时剖切面形状自动依据平面大小进行调整，如图 3－45 所示；选择剖切面，执行"移动"命令◆，此时剖切面呈蓝色显示，将剖切面移动到合适的位置，完成剖切效果，如图 3－46 所示。

图 3－45

图 3－44

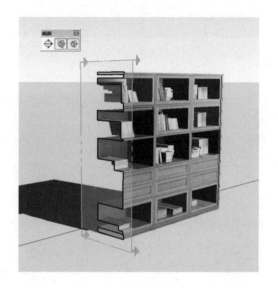

图 3－46

选择创建好剖切平面，单击鼠标右键，选择"隐藏"命令，可以将剖切面隐藏并保留之前生成的剖切效果，如图 3－47 和图 3－48 所示。如果需要显示隐藏的剖切面，可以执行"视图—隐藏物体"菜单命令，如图 3－49 所示，然后选择"虚显"的剖切面，在其上方单击鼠标右键选择"取消隐藏"命令即可显示隐藏的剖切面，如图 3－50 和图 3－51 所示，还可通过单击"截面"浮动工具条中"显示剖切面"按钮◉快速实现隐藏与显示操作。

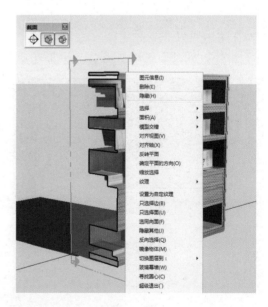

图 3－47

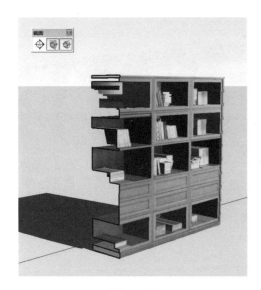

图 3-48

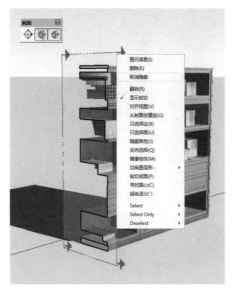

图 3-50

图 3-49

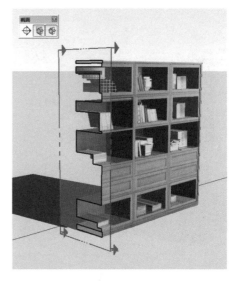

图 3-51

### 3.3.2 剖切面的移动、旋转和翻转操作

如果需要对已经确定好的剖切面调整位置观察剖切效果，可选择剖切面，执行"移动"命令✤锁定轴向进行移动即可，前文已述；还可通过执行"旋转"命令⌀调整剖切面的角度观察剖切效果，如图 3-52 所示；在剖切面上单击鼠标右键，旋转"翻转"菜单命令，可以将剖切观察方向产生相反的效果，如图 3-53 和图 3-54 所示。

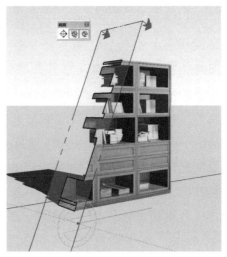

图 3-52

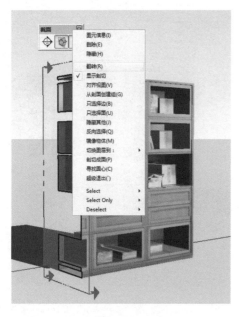

图 3－53

图 3－55

图 3－54

图 3－56

### 3.3.3　剖切面的复制与多剖切面效果

旋转剖切面，执行"移动"命令 ✥ 并按住 Ctrl 键即可移动复制剖切面，如图 3－55 所示；移动到合适的位置松开鼠标，即可生成一个新的剖切平面并对齐对象平面，如图 3－56 所示；复制完成后两个剖切面都呈灰色显示，表示都为激活且对象恢复成未剖切状态，如需激活某个剖切面，只需在其上方双击即可，如图 3－57 所示，再次双击恢复剖切失效状态，如图 3－58 所示，还可通过单击"显示剖面切割"按钮 ⬚ 进行控制。

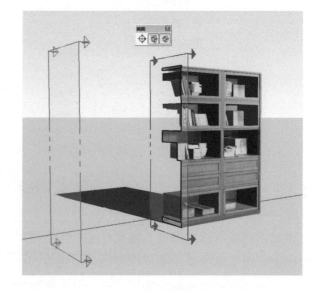

图 3－57

如果场景中有多个模型对象，创建的剖切平面只能在全局产生剖切效果，如图 3－59 所示，为了场景中多个模型同时产生多个激活的剖切面效果，首先选择其中一个对象创建为群组，双击进入群组内部创建剖切面，创建完成后移动到相应的位置即可观察到该对象的剖切效果，如图3-60所示，另一对象也采用相同的方法即可，这样就可以在场景中创建多个对象同时激活的剖切平面效果，如图3-61所示。

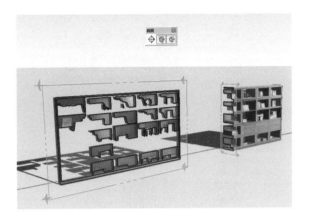

图 3-61

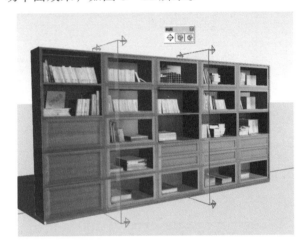

图 3-58

## 3.4 SketchUp 场景工具

场景工具主要用于 SketchUp 场景中视角的保存和动画的记录，类似于 3ds max 软件的摄影机，每记录一个场景都会在绘图区左上角生成一个对应的"标签"，场景可以存储视图中的显示效果、图层设置、剖切面、样式及阴影效果，但应用最多的还是记录场景的视角设置，保存完成后单击对应的"标签"即可切换至之前保存的视角。

### 3.4.1 创建场景标签

在项目工作中，确定了依据图纸输出的要求设定的视角，如图3-62所示，我们就可以创建一个对应的场景标签，可通过"视图—动画—添加场景"菜单命令如图3-63所示，来创建一个场景标签，同一个场景还可依据设计要求创建多个场景标签。

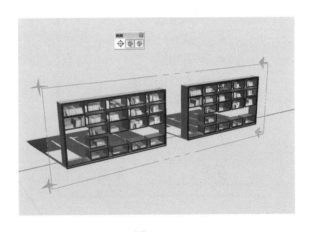

图 3-59

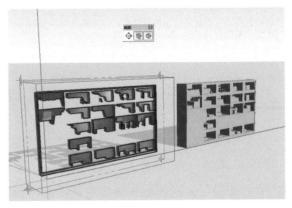

图 3-60

图 3-62

图 3 - 63

图 3 - 65

### 3.4.2 场景标签的管理

执行"窗口—场景"菜单命令即可打开"场景"管理器,如图 3 - 64 和图 3 - 65 所示。

图 3 - 64

图 3 - 66

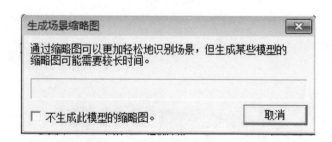

图 3 - 67

"刷新场景"按钮 ⟳:如果对场景进行了改变,单击该按钮会弹出"更新场景"对话框,如图 3 - 66 所示,可依据对话框中选项对场景进行更新,如场景文件较大,还会弹出"生成场景缩略图"对话框,如图 3 - 67 所示,用户需等待几秒钟。

"添加场景"按钮 ⊕ 和"删除场景"按钮 ⊖:单击按钮可依据当前视角添加场景标签和删除当前场景标签,也可通过在标签上单击鼠标右键，在弹出的菜单上点击"添加"或"删除"即可，如图 3 - 68 所示。

图 3 - 68

"场景上移"按钮 ↑ 和"场景下移"按钮 ↓：该按钮可在多个场景中调整场景标签的前后位置，对应右键菜单中的"左移"和"右移"命令，如图 3 - 69 所示。

图 3 - 69

"查看选项"按钮 ▦▾：该按钮用于改变场景视图的显示方式，包括缩略图显示、详细信息显示和列表显示，其中缩略图右下角有一个铅笔符号表示为当前场景，如图 3 - 70 所示。

"显示/隐藏详细信息"按钮 ▯：该按钮用于显示和隐藏场景细节属性，可以通过"名称"文本框改变场景标签的名称，还可通过"要保存的属性"选项来确定是否记录场景这些属性信息，如图 3 - 71 所示，默认新建的场景标签属性会延续上一个场景标签属性。

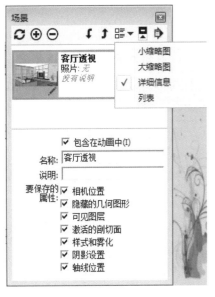

图 3 - 70

图 3 - 71

## 3.5　SketchUp 文件的导入与导出

SketchUp 可以通过导入与导出实现与 AutoCAD、3ds Max、Photoshop 等常用设计软件进行文件互导，在不同的设计阶段使用不同的设计软件来完成设计项目。SketchUp 与 3ds Max 一样，是一款三维设计软件，在设计过程中导入 AutoCAD 绘制的平面图、立面图来创建建筑构件模型，还可导入家具、灯具、植物、人物等模型素材，省去单独建模过程，提高设计效率；SketchUp 可将完成的场景以二维和三维形式进行导出，还可导出自身的动画文件，以完成设计项目中不同的输出要求。

### 3.5.1 导入 AutoCAD 文件

SketchUp 支持导入 AutoCAD 中 dwg/dxf 格式文件，可以将 AutoCAD 中的平面图、立面图导入到 SketchUp 中制作三维模型。需要注意的是 AutoCAD 图纸往往在一个 dwg 文件里面，导入前需要对文件进行精简，删除不需要导入的部分，避免导入文件过大；其次要注意单位的统一性，室内设计行业默认设计单位为毫米，在 AutoCAD 绘图、导入 SketchUp 以及在 SketchUp 中建模都应以毫米为设计单位，保证文件互导过程中单位的统一。

导入 AutoCAD 文件方法如下：

（1）精简 AutoCAD 文件

以室内设计为例，通常导入 AutoCAD 的平面图纸，用来创建户型框架，因此需要将文件中其余图纸删除。打开 AutoCAD 文件，如图 3 - 72 所示，保留平面布置图，将其余图纸内容删除，如图 3 - 73 所示，完成后将 AutoCAD 文件重新命名保存。

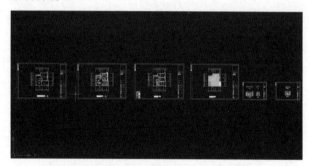

图 3 - 72

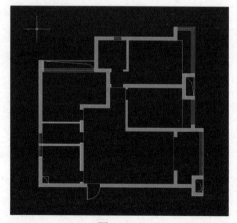

图 3 - 73

（2）设置 SketchUp 单位

打开 SketchUp，执行"窗口—模型信息"菜单命令，如图 3 - 74 所示，单击"单位"选项卡，将单位格式和精度设置好，如图 3 - 75 所示。

图 3 - 74

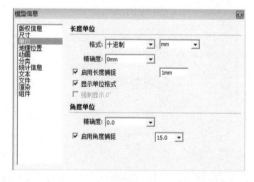

图 3 - 75

（3）导入 AutoCAD 文件

执行"文件—导入"菜单命令，如图 3 - 76 所示，在"打开"对话框中调整文件类型为 "AutoCAD 文件（*. dwg. *. dfx）"，如图 3 - 77 所示，然后单击右侧"选项"按钮，在弹出的 "导入 AutoCAD DWG/DFX 选项"对话框中设置单位为"毫米"，如图 3 - 78 所示。

图 3 - 76

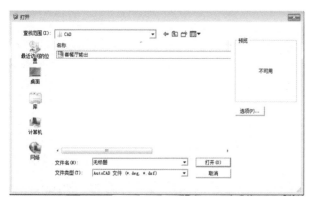

图 3 - 77

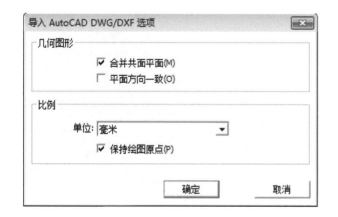

图 3 - 78

（4）调整 AutoCAD 图纸位置

选择精简好的 AutoCAD 文件，单击"打开"按钮即可将文件导入 SketchUp，如图 3 - 79 所示，为避免导入的图纸"乱跑"，可以将图纸全

选并创建为群组，将其移动对齐到坐标原点，如图 3 - 80 所示。

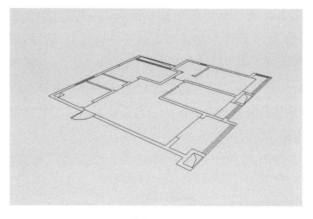

图 3 - 79

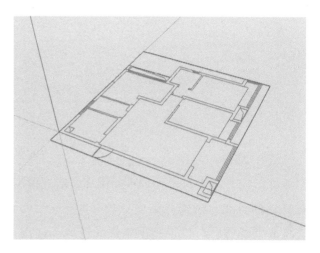

图 3 - 80

此外，SketchUp 还可导入 JPEG、TGA、TIF 等常用二维图像文件，用途与导入 AutoCAD 文件类似，用于建模参考，但其中涉及尺寸比例的调整不是非常精确，因此较少使用。

### 3.5.2　导入三维格式文件

在 SketchUp 尚未普及的年代，室内设计三维模型素材均为 3ds Max 开发制作，模型素材非常丰富，可选范围非常广泛，常见格式有 3ds、max、obj 等，SketchUp 自身格式模型素材较少，通过导入 3ds 格式可选用 3ds Max 软件的三维模型素材，如图 3 - 81 所示；虽然 SketchUp 支持 3ds 格式的文件导入，但这些格式的三维模型素材均是在 3ds Max 制作并保存，对 3ds Max 软件支持较好，通常情况下 SketchUp 直接导入会出现模型破面、位移、丢面等错误，需要在 3ds Max 软件中将模型素材整体转换为"可编辑多边形"等编辑操作，导入到 SketchUp 后还需对转角折线、弧形曲面进行柔化平滑处理，总之 SketchUp 使用 3ds 格式三维模型素材并不是非常方便。

图 3 - 81

随着 SketchUp 普及，自身 skp 格式三维模型素材已经非常丰富，无须再使用 3ds 格式模型素材，而且 skp 格式三维模型素材对 SketchUp 支持非常优秀，可以说是零错误无缝导入使用，因此 SketchUp 在导入三维素材的使用上首选自身 skp 格式，导入方法与 AutoCAD 文件一致，注意导入时选择文件类型为"SketchUp 文件（*.skp）"，如图 3 - 82 所示，导入前可对模型进行预览，在前文导入 AutoCAD 文件后再次导入一套餐桌模型，结果如图 3 - 83 所示。建议读者平时注意收集并整理一套素材库，方便工作使用。

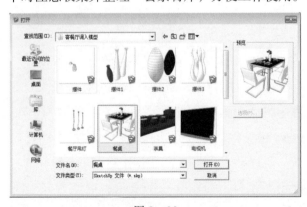

图 3 - 82

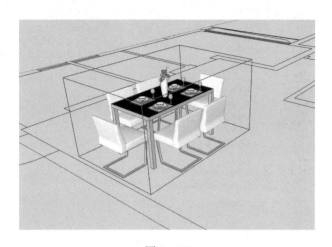

图 3 - 83

### 3.5.3　导出二维图像文件

SketchUp 在完成三维场景创建后，无须像 3ds Max 软件渲染出图（使用 Vray 插件除外），只需选定视角将场景导出为二维图像，SketchUp 支持可导出的二维图像格式非常多，操作上基本一致，此处以常见的 JPEG 格式为例。

（1）调整好模型场景各项参数及效果，选定好场景视角。

（2）执行"文件—导出—二维图形"菜单命令，打开"导出二维图形"对话框，如图 3 - 84 所示。

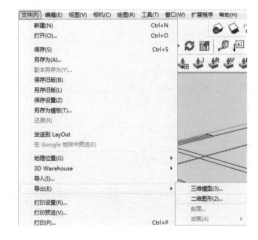

图 3 - 84

（3）设置好保存路径、文件名和输出类型，单击右下方"选项"按钮，依据设计需要设置好导出图像宽度和高度，勾选"消除锯齿"，设置好"JPEG 压缩"滑块，如图 3 - 85 所示。

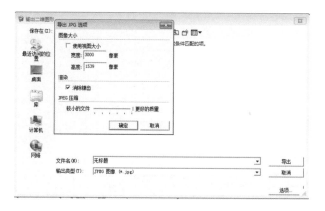

图 3-85

（4）单击"导出"按钮即可完成二维图像的导出。

SketchUp 导出二维图像总体来说存在一定的锯齿感，通常的做法是选择合适的导出格式，JPEG 文件较小，但压缩比率较高，图像整体质量不高，可选择如 TGA、TIFF、PNG 等格式；其次可以输出一张较大尺寸的图片，然后在 Photoshop 中将图片尺寸改小或进行一定的裁剪，在一定程度上可以强化消除锯齿的效果。

### 3.5.4 导出三维图像文件

SketchUp 支持导出的三维文件有 3ds、obj、wrl、xsi 等，此处以 3ds 格式为例介绍 SketchUp 导出三维文件流程。

（1）打开 SketchUp 需要导出的模型场景。

（2）执行"文件—导出—三维图形"菜单命令，打开"输出模型"对话框，如图 3-86 所示。

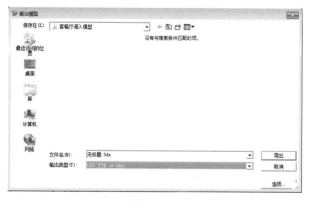

图 3-86

（3）设置好导出路径、文件名和输出类型，单击右下方"选项"按钮，打开"3DS 导出选

项"对话框，依据需要设置导出参数，如图 3-87 和图 3-88 所示。

图 3-87

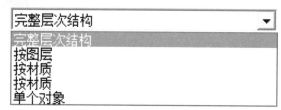

图 3-88

（4）单击"导出"按钮即可完成 3DS 格式文件的导出。

SketchUp 在导出 3DS 格式文件前尽量对模型进行一定的编辑处理，如材质文件名尽量使用不超过 8 位数的英文字母表示，模型场景如有嵌套群组和组件的导出后仅能保留最外一层，内部嵌套将全部打散；随着 SketchUp 和 3ds Max 软件版本的提高，3ds Max2010 以上版本甚至可以直接打开较为简单的 SketchUp 模型，鉴于两款软件各自的长处，用 SketchUp 建模，在 3ds Max 中制作材质灯光和渲染这种三维效果的制作方式已经广泛地被设计人员所认可和使用，有兴趣的读者可以尝试这种三维效果制作方式和流程。

# 第4章 提高阶段：SketchUp 综合项目方案表现

## 4.1 客餐厅空间方案表现

### 4.1.1 项目创设

在本例中将通过 SketchUp 制作一个现代风格的客餐厅空间，完成效果如图 4-1 和图 4-2 所示。由于这是第一个综合实例，因此选择了一个家居空间最常见的空间表现，难度适中但涵盖了 AutoCAD 图纸导入、户型结构创建、吊顶造型创建、造型立面创建、基本材质贴图制作、模型素材导入和图纸输出等 SketchUp 在室内三维空间框架制作中的主要流程和知识点，通过完成本案例了解 SketchUp 室内方案快速表现方法，合理运用 SketchUp 模型创建各命令方法，体验 SketchUp "所见即所得" 的强大功能。

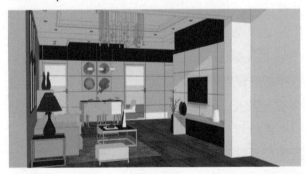

图 4-1

图 4-2

### 4.1.2 SketchUp 在室内设计中的应用

一直以来在室内商业效果表现是以 3ds Max + Vray 为主流软件，但受制于写实效果制作过程中繁杂的操作和测试调整，往往需要较长的制作周期，因此如何有效地与设计委托人进行方案交流是许多设计人员一直在思考的问题。通常来说，大部分设计委托人是不具备室内设计专业知识的，单纯的 AutoCAD 图纸、类似风格的其他案例都无法满足设计委托人对于空间形态、设计细节和装饰效果的认知，即便是在 AutoCAD 图纸基础上通过 Photoshop 制作彩色平面图和彩色立面图或者手绘效果如图 4-3 和图 4-4 所示，因其不能真正地处理好空间在功能应用与造型设计上的立体表现，设计方案对设计委托人的展示效果不理想，能有效表现设计方案的还是三维效果。SketchUp "所见即所得" 的强大功能可以较快地完成三维户型整体及各细节的设计，能全方位满足设计委托人对户型方案设计的认知，设计师可以直接在 SketchUp 软件平台上与设计委托人对方案进行交流和快速修改，得到认可以后再导入 3ds Max 软件进行写实效果表现。SketchUp 在室内设计中最重要的作用是利用"所见即所得"功能对方案进行快速表现和修改。

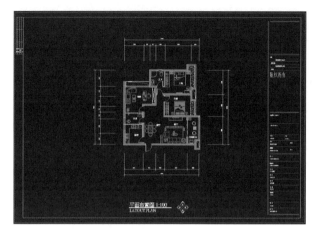

图 4-5

图 4-3

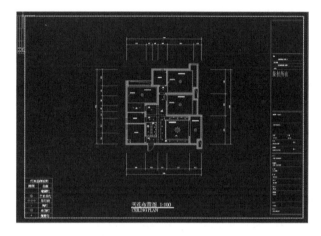

图 4-6

项目为现代风格，在色彩上空间主体为黑白色系，地面采用深色实木地板，墙面主要为奥松板白漆罩面和黑镜搭配，沙发墙采用灰棕色墙面乳胶漆，配以少量红色进行点缀；在材质的运用上木材、金属、玻璃、石材和布艺进行合理搭配，整体造型线条简洁，家具造型与空间线条遥相呼应，挂画、摆件等陈设品造型简约时尚，共同体现现代风格。

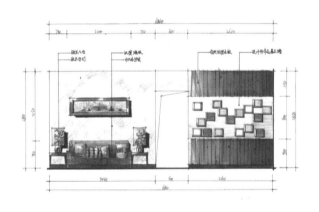

图 4-4

### 4.1.3 项目分析

项目为三室两厅两卫的家居空间，需要表现的是客餐厅和玄关过道部分，视角定在阳台位置，由阳台向内观察室内空间；平面布置和顶面造型如图 4-5 和图 4-6 所示，主要立面造型详见配套素材中 AutoCAD 文件和输出效果图。

### 4.1.4 项目方案表现流程

项目主要需要创建的内容为室内整体框架模型、主要墙面造型模型和吊顶模型，其余如灯具、家具及饰品可导入素材模型，主要流程如下：

（1）精简 AutoCAD 图纸，项目素材 AutoCAD 图纸包含了原始结构图、平面布置图、顶面图和立面图，我们只需将平面布置图导入即可，将多余图纸内容删除并将文件另存。

（2）导入平面参考图，将 AutoCAD 精简后平面图纸导入 SketchUp 中，为防止建模发生粘连，必须将参考平面图创建为群组，完成后将参考平面图移动对齐到坐标原点。

（3）制作客餐厅场景框架，沿客餐厅及玄关过道进行描边，将创建的平面推拉原顶高度，分别将地面和顶面创建群组。

（4）制作吊顶模型，依据 AutoCAD 顶面图标高和尺寸，完成吊顶部分模型创建。

（5）制作客餐厅主要墙面造型，依据 AutoCAD 立面图纸造型及尺寸，完成墙面造型模型创建，依据 AutoCAD 立面图装饰材质文字注释对立面模型分别创建群组。

（6）制作弧形框架各部分材质纹理贴图。

（7）依次导入各素材模型并调整好位置。

（8）调整合适的视角和阴影效果，对场景进行二维图像输出，完成项目制作。

### 4.1.5 项目方案表现具体步骤

#### 1. 精简 AutoCAD 图纸

如图 4-7 所示打开 AutoCAD 软件和图纸，对项目进一步了解和识图，而后删除除平面图外所有图纸内容（注：包含家具、尺寸标注、文字注释、图框等内容均须删除），完成如图 4-8 所示，并对图纸进行另存。（注：必须重新命名，否则将会覆盖原图）

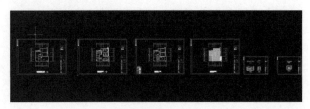

图 4-7

#### 2. 导入精简后 AutoCAD 平面参考图

导入前需对 SketchUp 单位尺寸等基本参数进行设置，导入方法均详见 3.5.1 章节；导入参考平面图后可先使用"尺寸工具"测量一个门宽尺寸，如图 4-9 所示，如尺寸与 AutoCAD 图纸

尺寸一致可确定导入比例正确；将参考平面图全选，右键创建群组，如图 4-10 所示，以靠近坐标原点的一角为移动基点，将其移动对齐到原点。（注：创建群组目的是防止后期建模时参考平面与创建对象发生粘连，对齐原点是三维软件操作的基本惯例，方便后期素材模型导入和各对象之间移动对齐操作）

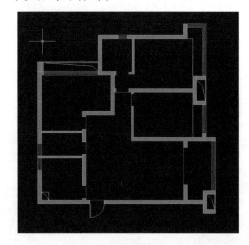

图 4-8

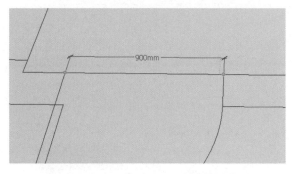

图 4-9

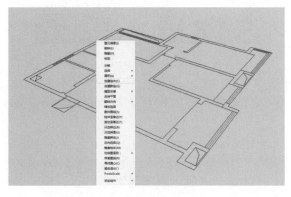

图 4-10

#### 3. 沿创建区域描边操作

使用"直线"工具沿创建区域进行描边

（注：项目视角确定在阳台，注意分析视角可见与不可见区域，在描边过程中可见区域的门窗需要单独留点，靠阳台部分因视角需要墙体可不创建，如图 4-11 所示红色区域门窗可见，蓝色区域门窗不可见），完成后模型自动封面，如图 4-12 所示。

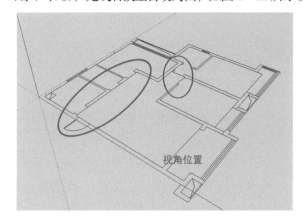

图 4-11

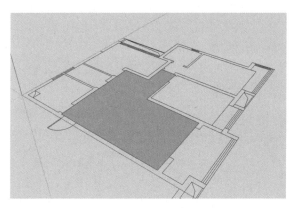

图 4-12

### 4. 制作场景基本框架

使用"推拉"工具依据 AutoCAD 顶面图原顶标高将面推拉 2900 高度，如图 4-13 所示，此时可见区域门窗单独留点推拉后生成了门窗宽度线；删除靠阳台一侧面，如图 4-14 所示，此时发现模型表面显示不正确，任选一个面，右键选择"反转平面"，如图 4-15 所示，再次右键选择"确定平面方向"，如图 4-16 所示，完成对所有模型表面反转并正确显示，完成后如图 4-17 所示；此时客餐厅户型基本框架已经创建完成，需要对模型进行初步的群组分类，双击选择地面和顶面的线面，如图 4-18 所示，右键将

其创建为群组，使用同样的方法将顶面创建为群组。（注：地面和顶面单独创建群组可以避免细化模型过程中与墙面发生粘连，也方便单独制作吊顶造型不影响到其他模型对象，还方便在后期制作材质纹理贴图，墙面造型制作也要将其单独创建为群组，可在后期墙面造型创建时再建群组）

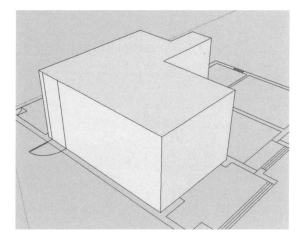

图 4-13

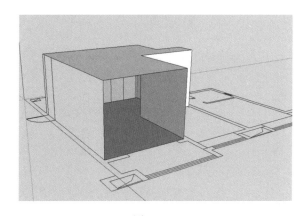

图 4-14

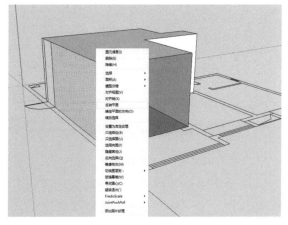

图 4-15

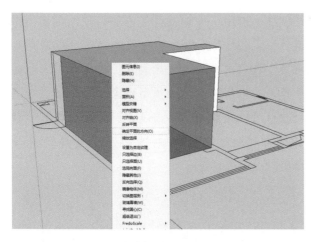

图 4 - 16

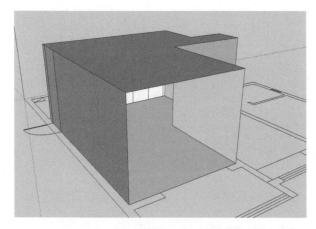

图 4 - 17

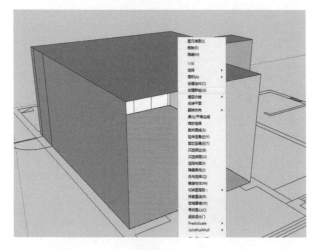

图 4 - 18

### 5. 制作客厅吊顶基础模型

如图 4 - 19 所示，客餐厅吊顶由客厅、餐厅和过道三个区域吊顶组成，依据功能分区的不同吊顶的高度也不一致，分别为客厅、餐厅和过道三个区域吊顶标高 2720，玄关及过渡区域标高

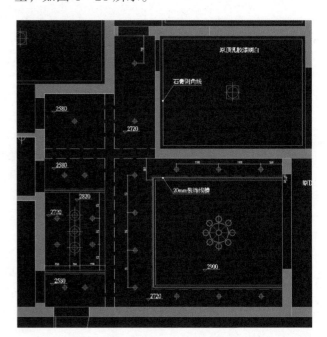

图 4 - 19

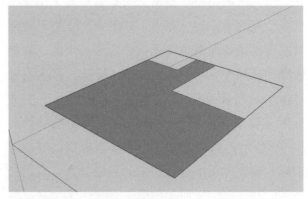

图 4 - 20

2580，餐厅吊灯部分吊顶标高 2820（注：在制作吊顶结构模型时需先充分了解吊顶结构、尺寸和标高，吊顶制作是从上往下，因此在计算推拉高度时应以原始层高作为依据）。选择吊顶群组，右键隐藏其他对象，如图 4 - 20 所示，双击进入顶面群组，依据造型尺寸使用"卷尺工具"拉出客厅部分吊顶造型的参考线，如图 4 - 21 所示（注：因参考线无限延长，不要一次拉完所有的参考线，容易造成识别混乱，尽量分空间分步骤完成），完成后使用直线或矩形工具对客厅吊顶造型面的分割细化，如图 4 - 22 所示，使用"推拉"工具依据原始层高及客厅吊顶标高，将客厅部分吊顶向下推拉 180，完成客厅吊顶基础模型，如图 4 - 23 所示。

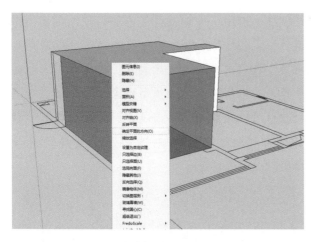

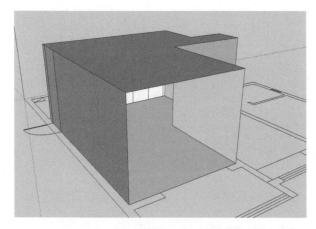

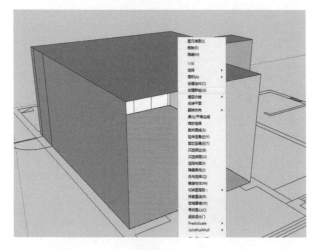

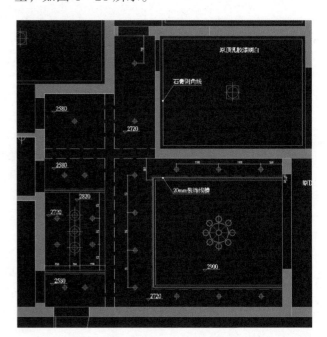

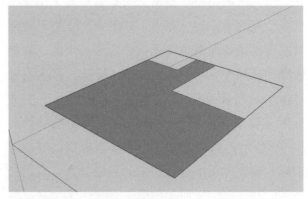

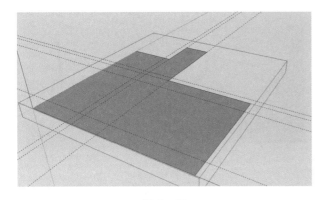

图4-21

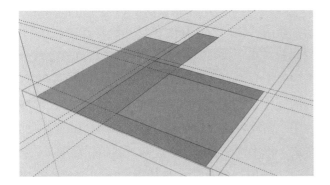

图4-22

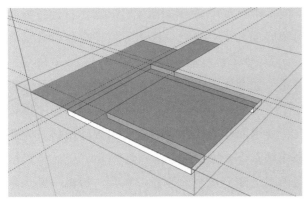

图4-23

### 6. 制作其余部分吊顶基础模型

使用"直线"工具将过道部分吊顶面分割出来，如图4-24所示，并依据标高将其向下推拉180，完成如图4-25所示，删除部分已完成的参考线，如图4-26所示，退出顶面群组，执行"编辑—取消隐藏—全部"，如图4-27所示，将其余模型显示出来，再次进入顶面群组（注：进去群组后，群组外模型以灰色显示，且无法选择与编辑），使用"环绕观察"工具调整观察视角至模型内部，使用"卷尺工具"依据餐厅吊顶造

型位置，从入户大门方向顶面拉出一条参考线对齐厨房门右侧，如图4-28所示，再次拉出一条对齐公卫门左侧，如图4-29所示，使用"矩形"工具依据参考线对餐厅吊顶部分进行面的分割，并将分割出来的玄关和过渡区吊顶面向下推拉320，餐厅部分吊顶面向下推拉180，如图4-30所示，依据餐厅吊灯部分吊顶尺寸拉出参考线，并使用矩形分割面，将餐厅吊灯吊顶面依据标高向上推拉100，完成其余部分吊顶基础模型创建，如图4-31所示。

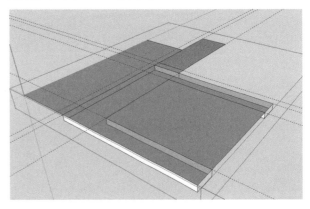

图4-24

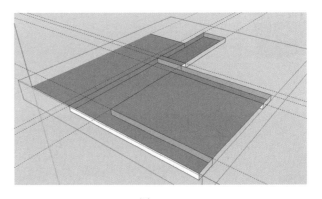

图4-25

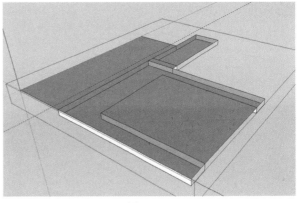

图4-26

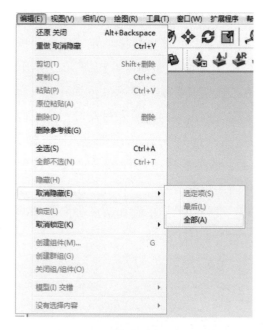

图 4 - 27

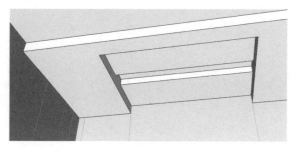

图 4 - 31

### 7. 制作吊顶暗藏灯槽和装饰线槽

选择客厅吊顶底部三条线，如图 4 - 32 所示，使用"移动"工具配合 Ctrl 键将其向上 80 单位复制一组，如图 4 - 33 所示，选择顶部分割出来的面，分别向内推拉 120，完成客厅吊顶暗藏灯槽的制作，如图 4 - 34 所示，使用同样的尺寸和方法，完成餐厅部分暗藏灯槽的制作，如图 4 - 35 所示。再次选择客厅吊顶底部三条线，如图 4 - 36 所示，使用"偏移"工具依据装饰线槽尺寸分别向内偏移 50 和 70，如图 4 - 37 所示，将装饰线槽面向上推拉 10，完成如图 4 - 38 所示；选择餐厅吊顶底部直线，使用"移动"工具配合 Ctrl 键将其向左 50 单位复制一条，再次向左 20 单位复制一条，如图 4 - 39 所示，使用"直线"工具将面封闭，如图 4 - 40 所示，将装饰线槽面向上推拉 10，使用同样的尺寸和方法完成餐厅吊顶右侧装饰线槽制作，完成如图 4 - 41 所示，至此项目吊顶模型已经完成全部创建，执行"编辑—删除参考线"如图 4 - 42 所示，删除所有的参考线，检查模型，将客厅与过道直接的梁向下推拉 320，如图 4 - 43 所示，退出吊顶群组，调整合适的视角观察吊顶模型，完成图如 4 - 44 所示。

图 4 - 28

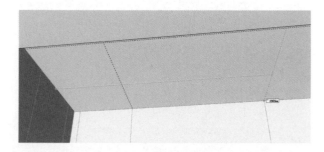

图 4 - 29

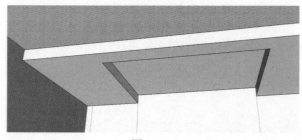

图 4 - 30

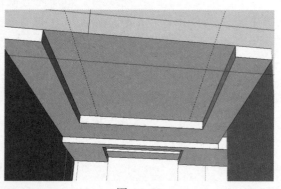

图 4 - 32

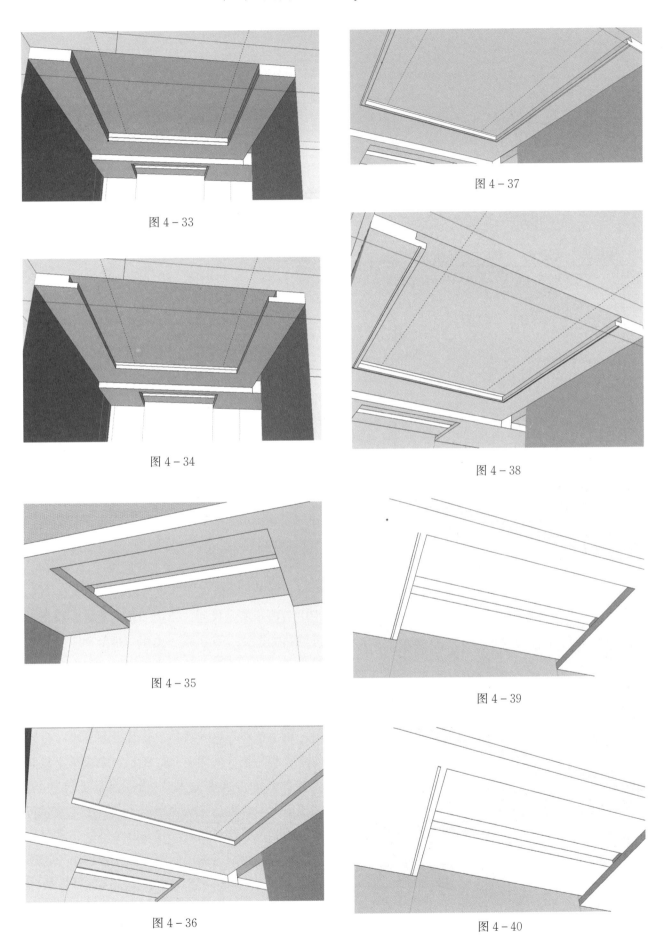

图 4 - 33

图 4 - 34

图 4 - 35

图 4 - 36

图 4 - 37

图 4 - 38

图 4 - 39

图 4 - 40

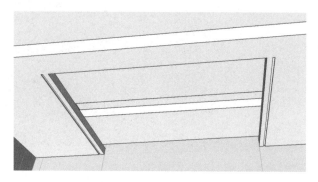

图 4 - 41

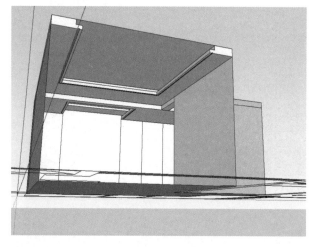

图 4 - 44

### 8. 制作电视背景墙奥松板造型模型

使用"环绕观察"工具将视角旋转至电视背景墙后面，使用直线工具在电视背景墙与吊顶底部相交部分绘制一条直线，如图 4 - 45 所示，删除与吊顶重叠的面与线，完成如图 4 - 46 所示，依据电视背景墙 A 立面图所示尺寸，将电视背景墙底边线向上移动复制 2104 单位，完成如图 4 - 47 所示，分别将分割出的上面与下面双击选择，分别创建群组，上群组为黑镜材质，下群组为奥松板油白材质，如图 4 - 48 所示；隐藏其他模型，进入下群组，将奥松板造型面向外推拉 60 单位，如图 4 - 49 所示，依据电视背景墙 A 立面图中奥松板所示尺寸，使用"卷尺工具"拉出参考线，如图 4 - 50 所示，使用"矩形"工具依据参考线尺寸，绘制一块奥松板模型，并创建为群组，如图 4 - 51 所示，进入群组，将奥松板向外推拉 10，如图 4 - 52 所示，退出奥松板模型群组，单击选择奥松板群组，将其依据参考线位置向右复制一个，如图 4 - 53 所示，完成单个复制后在数值输入框中输入"3*"，等距复制三个，完成最上一排的奥松板模型制作，如图 4 - 54 所示，由于最右侧奥松板尺寸与其余不同，需要单独进行调整，双击进入最右侧奥松板群组，选择右侧厚度面，将其想内推拉对齐 60 厚度板边缘，如图 4 - 55 所示；选择顶部四块奥松板模型群组，依据参考线尺寸将其向下移动复制一份，

图 4 - 42

编辑(E) 视图(V) 相机(C) 绘图(R) 工具(T

| | |
|---|---|
| 还原 删除 | Alt+Backspace |
| 重做 | Ctrl+Y |
| 剪切(T) | Shift+删除 |
| 复制(C) | Ctrl+C |
| 粘贴(P) | Ctrl+V |
| 原位粘贴(A) | |
| 删除(D) | 删除 |
| 删除参考线(G) | |
| 全选(S) | Ctrl+A |
| 全部不选(N) | Ctrl+T |
| 隐藏(H) | |
| 取消隐藏(E) | ▶ |

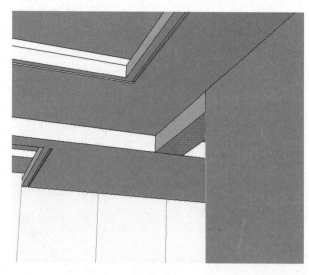

图 4 - 43

完成后在数值输入框中输入"3*"，等距复制三组，完成全部奥松板模型制作，如图 4 - 56 所示，依据电视背景墙 A 立面图所示，电视柜下方三块为黑镜材质，依据群组关系，将此三块选择并删除，如图 4 - 57 所示。

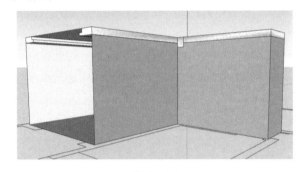

图 4 - 45

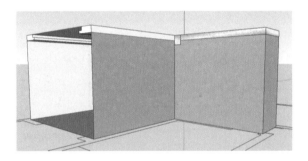

图 4 - 46

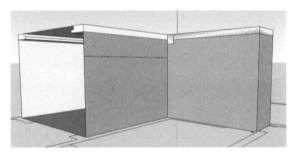

图 4 - 47

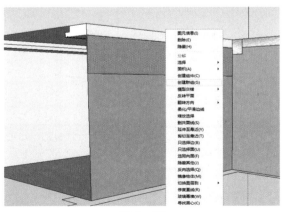

图 4 - 48

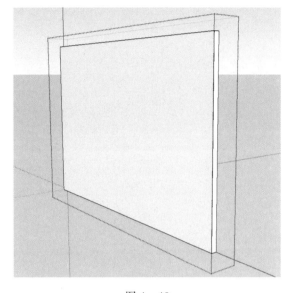

图 4 - 49

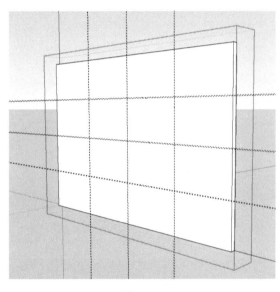

图 4 - 50

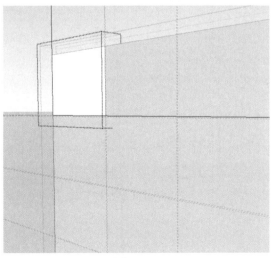

图 4 - 51

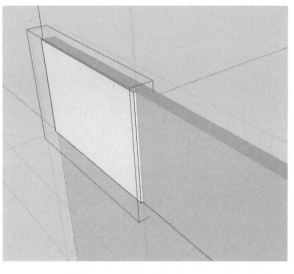

图 4 - 52

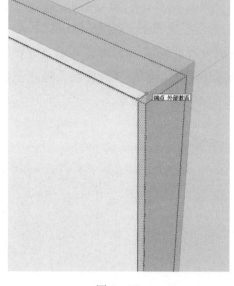

图 4 - 55

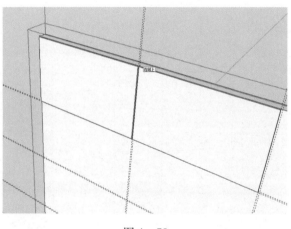

图 4 - 53

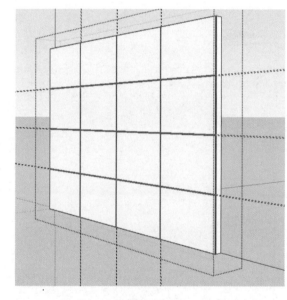

图 4 - 56

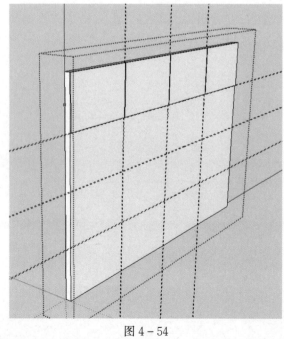

图 4 - 54

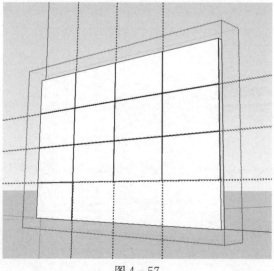

图 4 - 57

### 9. 制作电视背景墙黑镜造型模型

退出群组，回到最外层级，使用"矩形"工具依据参考线尺寸绘制单块黑镜造型面，并将其创建群组（注：在模型创建中创建群组的原则是材质，同一材质尽量放置在同一群组内，此案例60背板与单块奥松板属于同一材质，在制作过程中先创建了背板群组，为方便奥松板复制，在此群组下建立了单块奥松板嵌套群组，因此在制作黑镜材质时应退出所有群组，判断是否退出了所有群组回到最外层级的方法是单击群组，能像图4-58所示将群组内所有对象都选中，即退出了所有群组，建立黑镜模型群组应与奥松板群组是同级关系），如图4-59所示，进入群组，将其向外推拉8单位，完成后退出群组，选择单片黑镜群组，依据参考线尺寸将其向右复制一个，完成后在数值输入框中输入"2*"等距复制两份，进入最右侧的群组，将其侧面推拉对齐，完成如图4-60所示；执行"编辑—删除参考线"，再执行"编辑—取消隐藏—全部"，如图4-61和图4-62所示，删除参考线，将所有对象取消隐藏，如图4-63所示，分析电视背景墙A立面图，顶部黑镜留缝与下面奥松板留缝是完全对齐的，可以直接复制底部黑镜模型来完成，先选择最右侧一块黑镜模型，以右下点为基点将其向上移动复制对齐上部群组的右下点，如图4-64所示，进入该黑镜群组，将其高度进行调整对齐，如图4-65所示，退出群组，在底部另两块黑镜中任选一块，以左下点为基点将其向上移动复制对齐上部群组的左下点（注：如不好选择左下点可用"样式"工具条中"X光透视模式"或将其他模型隐藏），依据前述方法调整黑镜高度，如图4-66所示，以奥松板模型尺寸为基准，将其向右移动复制两块，选择所有黑镜群组，将其创建为一个群组，完成黑镜模型创建，如图4-67所示。

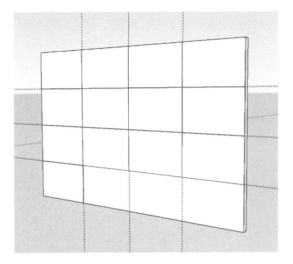

图4-58

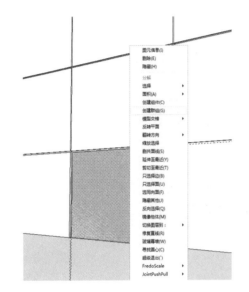

图4-59

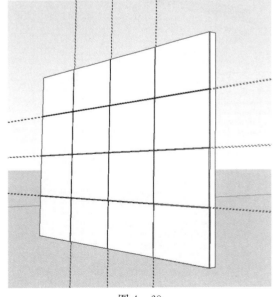

图4-60

图 4 – 61

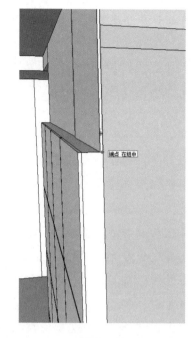

图 4 – 64

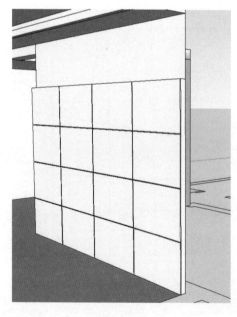

图 4 – 62

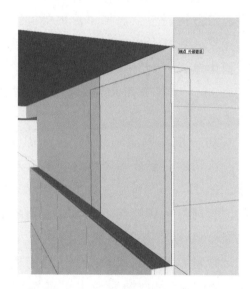

图 4 – 65

图 4 – 63

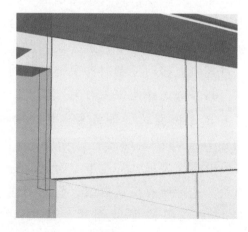

图 4 – 65

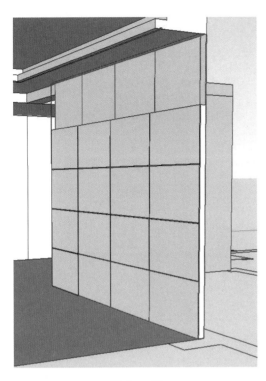

图 4－67

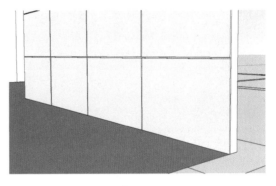

图 4－68

图 4－69

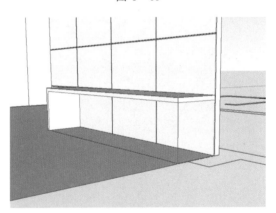

图 4－70

### 10. 制作电视柜及灯槽模型

退出群组，回到最外层级，使用"直线"工具依据电视背景墙 A 立面图中电视柜尺寸及位置绘制电视柜厚度轮廓线，如图 4－68 所示，选择两段直线使用"偏移"工具向下偏移 40 单位，使用"直线"工具将两段封口，如图 4－69 所示，完成后双击电视柜面与线，将其创建为群组，进入电视柜群组，将其向外推拉 450 单位，如图 4－70 所示，完成电视柜模型创建；选择奥松板群组，隐藏其他对象，进入该群组，选择 60 背板顶部边线，如图 4－71 所示，将其向内移动复制 10 单位，完成如图 4－72 所示，将分割出的面向下推拉 100 单位，如图 4－73 所示，完成灯槽模型创建；将所有模型取消隐藏，由于推拉关系，奥松板与黑镜之间除了一块空面，需要进行补面操作，如图 4－74 所示，进入上面群组，选择下边，将其向下移动对齐，完成补面操作，如图 4－75 所示，退出群组，此时已经完成电视背景墙所有模型创建，使用"环绕观察"工具旋转到一个合适的角度，如图 4－76 所示，观察模型效果。

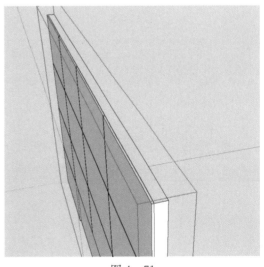

图 4－71

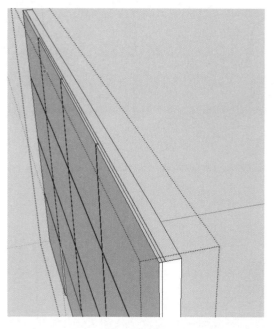

图 4 - 72

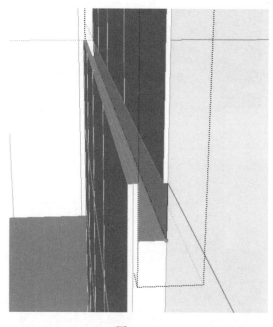

图 4 - 75

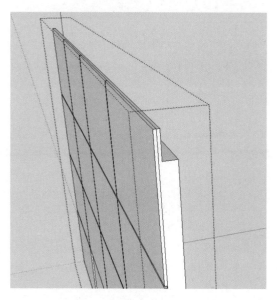

图 4 - 73

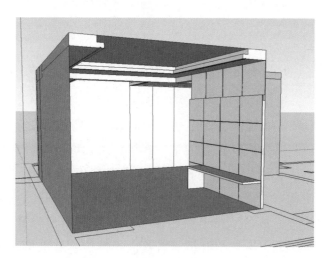

图 4 - 76

### 11. 制作餐厅墙奥松板造型模型

选择吊顶群组、地面群组，将其隐藏，如图 4 - 77 所示，双击选择餐厅 A 面墙的线与面，将其创建群组并隐藏，如图 4 - 78 所示，再框选除餐厅 D 面墙外的所有模型，将其隐藏，如图 4 - 79 所示，使用"卷尺"工具依据餐厅 D 立面图所示尺寸，在 2104 高度拉出一条参考线，并使用"直线"工具在参考线高度绘制一条分割线，如图 4 - 80 所示，分别将上部黑镜部分和下部奥松板部分框选，并分别创建群组，完成基本模型群组创建，如图 4 - 81 所示；双击进入下部奥松板

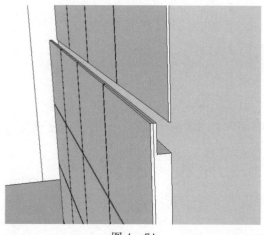

图 4 - 74

群组，依据餐厅 D 立面图所示尺寸分别将面向外推拉 60 单位（注：该项目餐厅 D 立面为整体设计，墙面奥松板材质，门平外墙，奥松板留缝位置也是依据三扇门位置进行设计，不存在门套线，在模型创建时应将门视同为墙面进行整体创建），完成如图 4-82 所示，使用"卷尺"工具，依据餐厅 D 立面图奥松板所示尺寸拉出参考线，如图 4-83 所示，退出群组，使用"矩形"工具将厨房门左上面进行分割，双击创建为群组，如图 4-84 所示，进入群组，将其向外推拉 10 单位，完成如图 4-85 所示，退出群组，将群组选择依据参考线位置将其向下移动复制一份，完成后在数值输入框输入"3*"，如图 4-86 所示，使用相同的方法和步骤完成厨房门顶部奥松板模型创建，如图 4-87 所示，分别将其复制到公卫门和书房门上部，如图 4-88 所示，将剩余的奥松板模型创建完成，注意要分别创建群组，

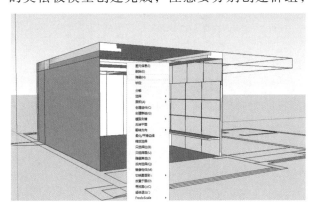

图 4-77

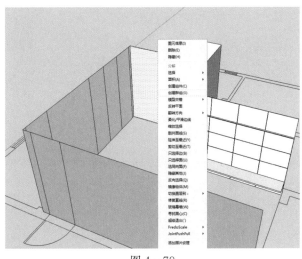

图 4-78

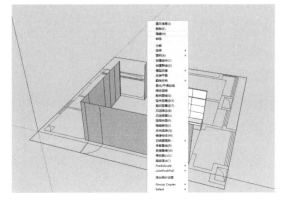

图 4-79

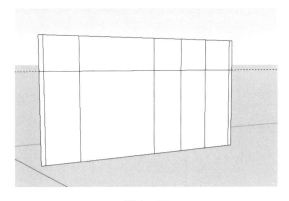

图 4-80

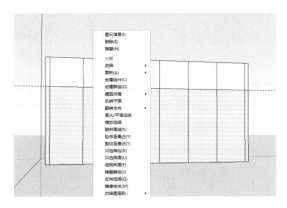

图 4-81

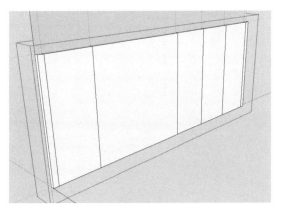

图 4-82

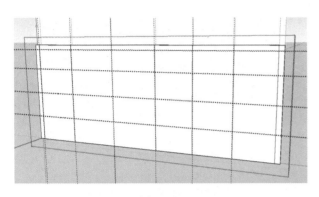

图 4 - 83

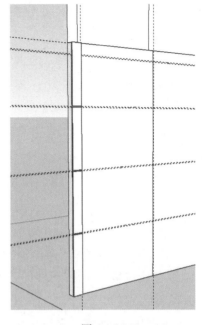

图 4 - 86

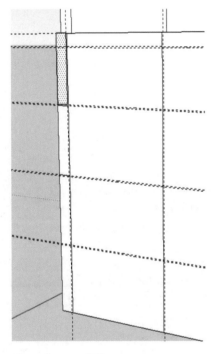

图 4 - 84

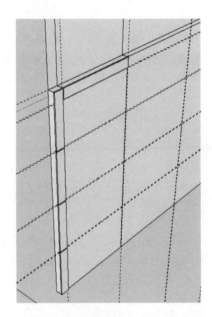

图 4 - 87

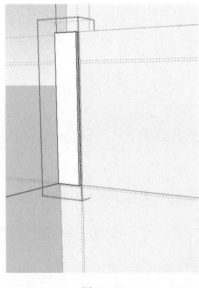

图 4 - 85

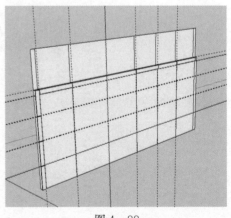

图 4 - 88

相同尺寸的可以进行复制，完成如图 4－89 所示；双击进入厚度为 60 的背板群组，删除如图 4－90 所示的线，使用"卷尺"工具向内 10 单位拉出参考线，沿参考线绘制一条直线对面进行分割，将分割出的内面向下推拉 100 单位，完成灯槽制作，如图 4－91 所示。

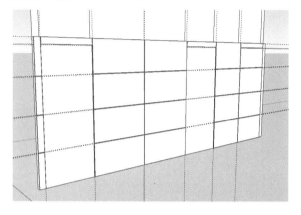

图 4－89

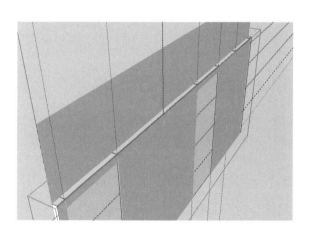

图 4－90

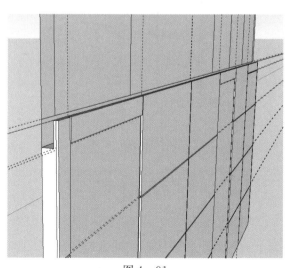

图 4－91

**12. 制作厨卫门造型模型**

厨房和公卫门造型一致，只需制作一扇即可。进入奥松板群组，在厨房门上部绘制一条直线，将厨房门面分割出来，如图 4－92 所示，删除厨房门的面，使用相同的方法删除公卫门的面，完成如图 4－93 所示，退出群组，使用"矩形"工具捕捉厨房门端点，绘制一个矩形并将其创建为群组，如图 4－94 所示，双击进入厨房门群组，使用"偏移"工具将面向内偏移 50 单位，如图 4－95 所示，将偏移出来的面向外推拉 10 单位，如图 4－96 所示，使用"矩形"工具将内部玻璃部分绘制处理，完成如图 4－97 所示，将缝隙部分面选择，向外推拉 8 单位，完成如图 4－98 所示，完成后退出群组，将厨房门群组选择，移动复制到公卫门位置，完成如图 4－99 所示。

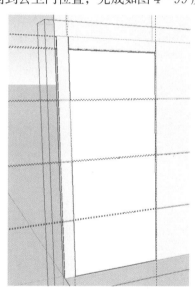

图 4－92

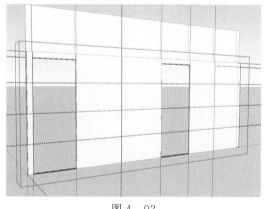

图 4－93

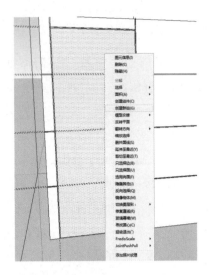

图 4 - 94

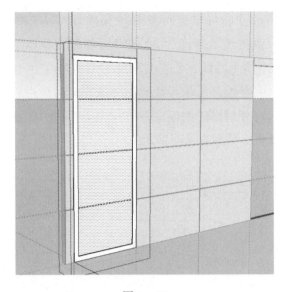

图 4 - 97

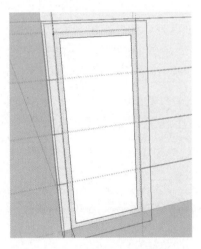

图 4 - 95

图 4 - 98

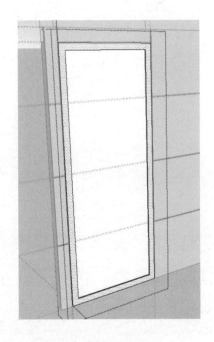

图 4 - 96

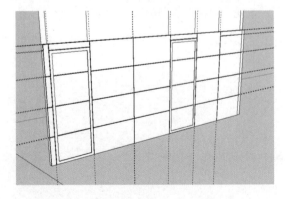

图 4 - 99

### 13. 制作上部黑镜造型模型

由于黑镜留缝与下部奥松板一致，可以直接复制下部单块奥松板模型，注意调整高度尺寸和厚度，选择左侧奥松板模型，以下部为基点将其向上复制对齐到黑镜群组底部，如图 4 - 100 所示，双击进入群组，将其厚度向内推拉 2 单位，高度向上推拉对齐顶部，完成如图 4 - 101 所示，使用相同的方法将其他黑镜模型完成，如图 4 - 102 所示，取消其他对象的隐藏，删除参考线，完成效果如图 4 - 103 所示，读者朋友可以依据餐厅 A 立面图尺寸和前述方法完成餐厅 A 立面造型模型创建，这里不再一一表述，完成效果如图 4 - 104 所示，注意灯槽转角处要留出位置，如图 4 - 105 所示。

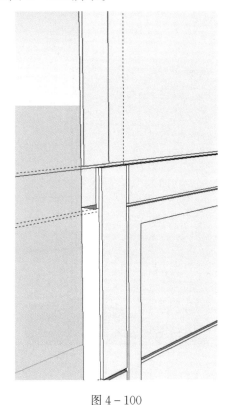

图 4 - 100

### 14. 制作入户大门及踢脚线模型

选择合适的角度，将入户大门底部线向上 2000 单位复制一条，如图 4 - 106 所示，将如图 4 - 107 所示线选择删除，选择门边三条线，使用"偏移"工具将其向外偏移 50 单位，如图 4 - 108 所示，将门扇向外推拉 120 单位，门框向内推拉 15 单位，完成如图 4 - 109 所示；踢脚线可用"路径跟随"方法制作，此处并非视觉重点，采用最简单的方法，选择底部线条，如图 4 - 110 所示，将其向上 80 单位复制一份，如图 4 - 111

所示，将踢脚线部分面推拉 10 单位，完成制作，如图 4 - 112 所示。

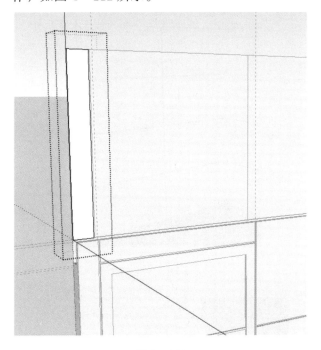

图 4 - 101

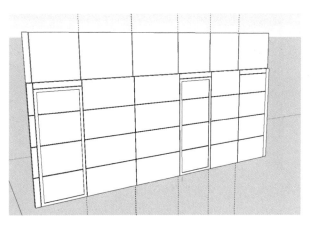

图 4 - 102

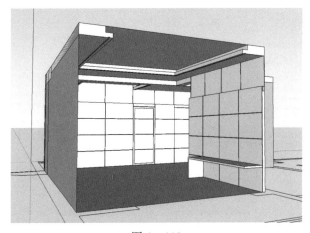

图 4 - 103

图 4 - 104

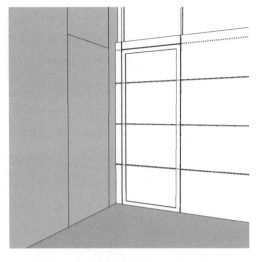

图 4 - 107

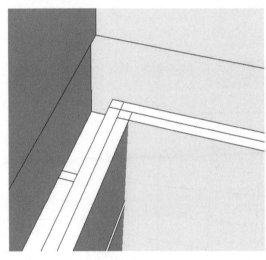

图 4 - 105

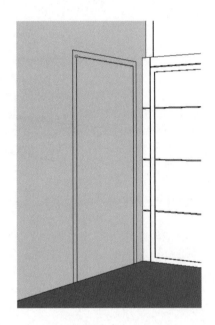

图 4 - 108

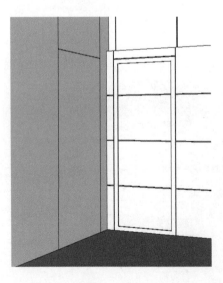

图 4 - 106

图 4 - 109

图 4 - 110

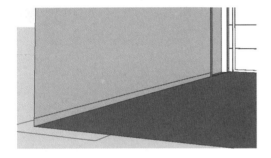

图 4 - 111

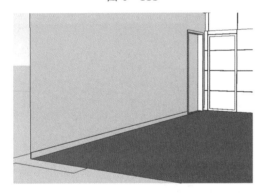

图 4 - 112

### 15. 制作模型纹理贴图及材质

纹理贴图与材质可边建模边制作，也可完成整体模型后统一制作，依据个人习惯来，没有特别的要求（注：建议完成单体模型即制作材质纹理，此时模型量少，系统运行速度快，既方便选择也方便观察纹理效果；部分读者习惯在模型创建完以后再制作材质纹理，也应在导入家具等模型素材之前制作，导入家具等模型素材后会对建筑构件进行一定的遮挡，不易选择对象，且素材模型面数较多，会造成系统运行速度减慢，给材质纹理的赋予造成一定的困难，本案例为保证模

型创建的连贯性，选择将构件模型创建完以后再制作材质纹理，最后导入家具等素材模型）。本案例材质纹理较为简单，白漆奥松板、黑镜、顶面乳胶漆、墙面乳胶漆、厨卫塑钢门均以颜色表示即可，厨卫门玻璃部分需调整透明度，地面木地板需调入纹理贴图并调整大小，为方便选择与编辑，每个材质应命好名称。

木地板纹理制作：选择地面群组，按快捷键"B"键，打开材质面板，单击"新建材质"按钮，如图 4 - 113 所示，在弹出的"创建材质"面板中将名称更改为"木地板"，如图 4 - 114 所示，在"纹理"选项栏中单击"浏览材质图像文件"，在配套素材中选择"木地板"素材文件，单击确定，如图 4 - 115 所示，隐藏除地面外的对象，在地面群组上创建一个 900×122 的面，用于参考木地板纹理大小（注：创建时应注意木地板安装的方向），如图 4 - 116 所示，双击进入地面群组，按"B"键将制作好的木地板纹理赋予地面，按"空格键"切换到选择工具，选择地面并单击右键，在弹出的命令中选择"纹理—位置"，如图 4 - 117 所示，拖动绿色的图钉将纹理放大并旋转 90°，如图 4 - 118 所示，配合绿色图钉对纹理进行缩放和红色图钉或四个图钉之间拖动鼠标，对单片木地板尺寸大致对齐参考面即可，如图 4 - 119 所示，在空白处单击左键完成纹理编辑，退出地面群组，删除参考面，取消其他对象的隐藏，完成木地板纹理创建，如图 4 - 120 所示。使用相同的方法制作入户大门地面门槛石纹理，注意调整门槛石纹理大小，如图 4 - 121 所示。

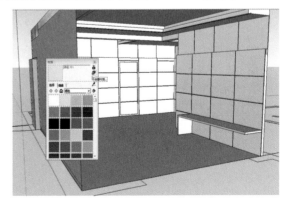

图 4 - 113

图 4-114

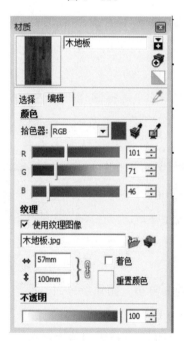

图 4-115

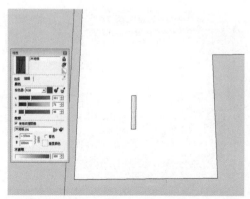

图 4-116

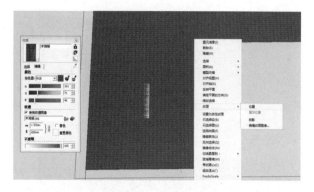

图 4-117

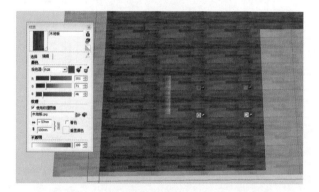

图 4-118

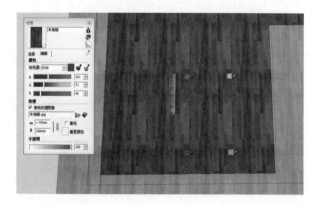

图 4-119

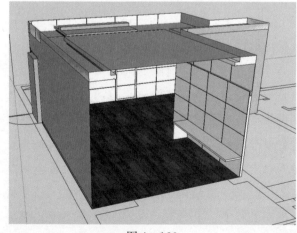

图 4-120

图 4－121

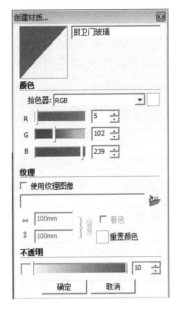

图 4－123

厨卫门玻璃材质及其他单色材质制作：上一个创建的纹理是门槛石，此时"材质"面板显示的是门槛石材质，先材质类型下拉菜单中选择"颜色"，如图 4－122 所示，再在预览窗口中任意选择一个颜色，单击"新建材质"按钮，在弹出的"创建材质"面板中将名称更改为"厨卫门玻璃"，并将颜色 RGB 值和透明度参数设置成图 4－123 所示，将设置好的厨卫门玻璃材质赋予对应模型，完成厨卫门玻璃材质制作，如图 4－124 所示（注：厨卫门创建时建立了群组，需进入群组赋予材质）。使用相同的方法制作厨卫门塑钢材质，参数如图 4－125 所示

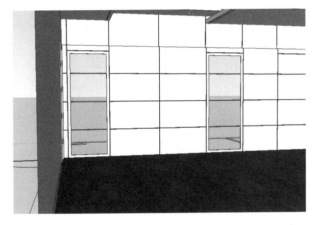

图 4－124

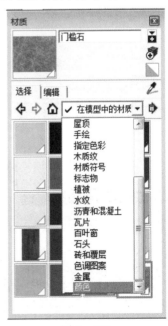

图 4－122

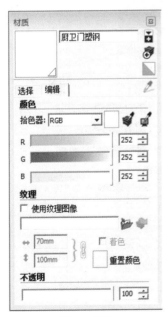

图 4－125

（注：真实世界是不存在纯白与纯黑颜色，因此在制作纯白色的 RGB 值不要用 255，纯黑不要用 0），沙发背景墙灰棕色乳胶漆材质参数、黑镜材质参数、奥松板白漆参数、顶面白色乳胶漆参数如图 4-126 至图 4-129 所示，分别将制作好的材质赋予对应的模型，完成如图 4-130 所示。

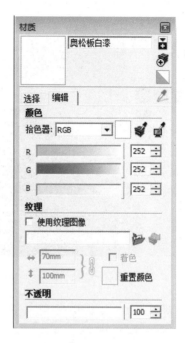

图 4-128

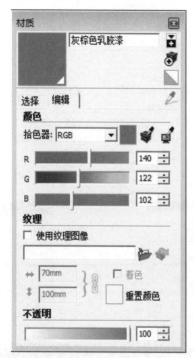

图 4-126

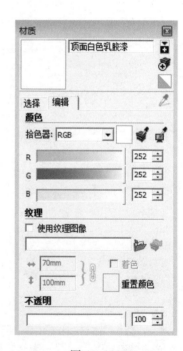

图 4-129

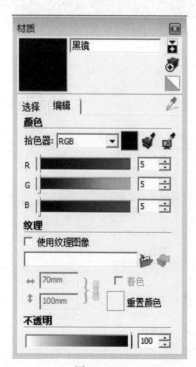

图 4-127

图 4-130

电视柜纹理制作：制作方法与木地板纹理相同，不再赘述，参数如图4-131所示（注：使用了纹理素材，RGB值会自动对应素材颜色）。

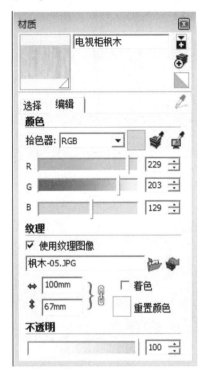

图4-131

### 16. 制作装饰挂画模型及纹理

以原点为基准点，在YZ平面创建500×500的面，将面推拉10，完成后创建为群组，如图4-132所示，将挂画群组对齐餐厅墙面的奥松板，如图4-133所示，使用移动复制工具将挂画复制成如图4-134所示组合，使用素材"年轮贴图"文件制作挂画纹理，调整纹理宽度尺寸为500，使用蓝色图钉调整挂画高度，完成如图4-135所示，使用相同的方法完成其他挂画纹理制作，如图4-136所示；以原点为基准点，在XZ平面创建1780×580的面，使用"偏移"工具将面向内偏移20，将画框部分面向外推拉10，画向外推拉5，完成后创建为群组，如图4-137所示，将挂画移动对齐沙发墙面，并等距复制两份，完成如图4-138所示，制作好黑色画框材质和挂画纹理，完成如图4-139所示（注：因没有为材质而单独建群组，建议先填充

完挂画材质后再填充画框材质，在填充黑色画框材质时，可按住"Shift"键，可用当前材质替换替换所选表面材质，且场景中所有使用该材质的模型都会同步更新，因场景中其余模型都以制作材质，可实现画框一次填充完成）。

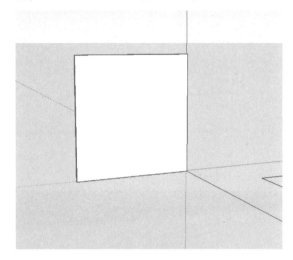

图4-132

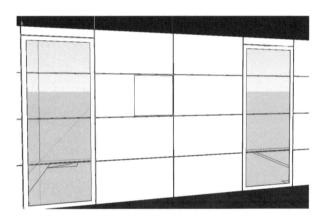

图4-133

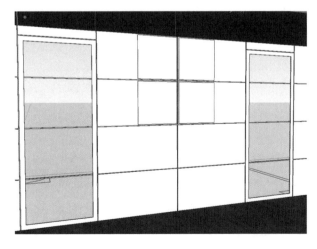

图4-134

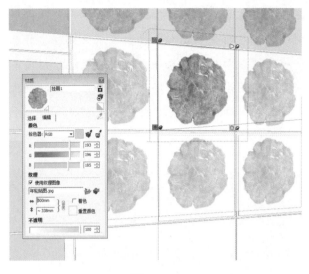

图 4 - 135

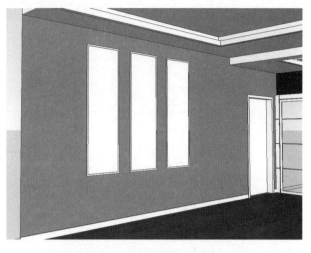

图 4 - 138

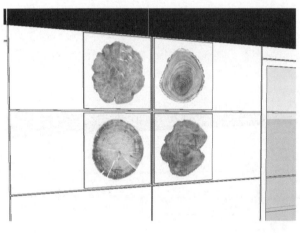

图 4 - 136

图 4 - 139

场景中所有材质纹理已经制作完成，效果如图 4 - 140 所示，接下来可以逐步调入素材模型。

图 4 - 137

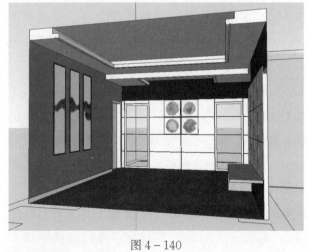

图 4 - 140

**17. 调入筒灯模型素材**

吊顶筒灯数量较多且吊顶有不同的层高，可依据"天花布置图"中筒灯尺寸位置分空间拉出参考线，再调入素材模型对齐参考线即可。

隐藏吊顶以外的模型，使用"卷尺"工具在客厅吊顶区域依据尺寸拉出参考线，如图 4-141 所示，导入筒灯素材模型，在其顶部绘制一条直径参考线用于辅助对齐参考点，如图 4-142 所示，使用"移动"工具捕捉直径中点，对齐到位置参考点，如图 4-143 所示（注：可在吊顶模型背部操作或开启 X 光透视模式辅助操作），将筒灯素材模型移动复制到对应的参考点位置，完成客厅筒灯模型素材调入，如图 4-144 所示；为避免过多的参考线影响操作，应完成该空间复制操作后删除对应的参考线，接下来依据各自空间筒灯位置尺寸分别拉出参考线，再将筒灯素材对应复制即可，完成后需删除之前绘制的直径参考线，完成效果如图 4-145 所示。

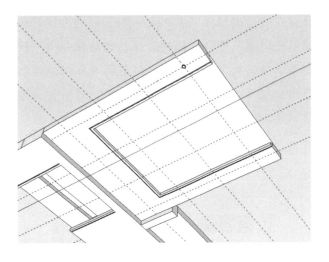

图 4-143

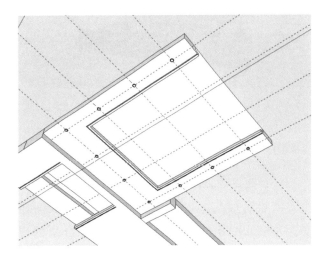

图 4-144

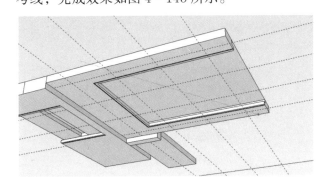

图 4-141

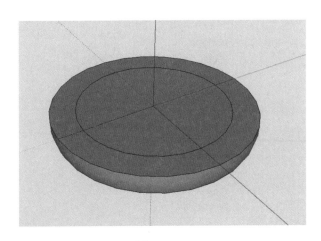

图 4-142

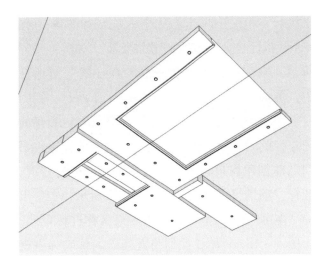

图 4-145

**18. 依次调入其他模型素材**

依次调入其他模型素材，并依据完成图将其

放置在合适的位置，导入先后顺序原则为灯具—家具—电器—摆件—植物（注：实际操作中，模型素材建议先单独打开并编辑好材质和创建群组后单独保存，这样可直接调入使用，不推荐调入后再去编辑，本案例已事先编辑好，可直接调用），完成如图 4 - 146 所示。

图 4 - 146

### 19. 选定合适的视角输出二维图像

完成场景创建后，可将阳台部分补充模型，无须创建客厅与阳台部分的墙体，注意表面显示，完成如图 4 - 147 所示，选择一个合适的视角，执行"相机—视角"，如图 4 - 148 所示，在数值输入栏中输入 40，将相机镜头设置为 40°，再执行"相机—两点透视图"，完成如图 4 - 149 所示，执行"视图—动画—添加场景"，如图 4 - 150 所示，在弹出的"警告—场景和样式"对话框中，单击"创建场景"，如图 4 - 151 所示，视图左上角出现"场景号 1"标签，完成固定视角的创建，此时无论如何调整视角，单击此标签将回到之前创建视角的角度，可在标签上单击右键，选择"场景管理器"，如图 4 - 152 所示，在弹出的"场景"对话框中，可对场景名称进行更改，如图 4 - 153 所示，我们将此场景名称改为电视背景墙，完成后单击左上角"更新场景"，此时场景名称已经发生更改；完成场景视角创建后，可开启阴影效果丰富画面的光影层次，在"阴影"工具栏中开启阴影显示并开启阴影设置，在

打开的"阴影设置"对话框中将"时间""日期""明暗参数"设置成如图 4 - 154 所示，完成阴影效果设置；所有设置完成后可对二维图形进行导出，单击"文件—导出—二维图形"，如图 4 - 155 所示，在弹出的"输出二维图形"对话框中单击"选项"，将"导出 JPG 选项"中图像大小设置较高像素，如图 4 - 156 所示，输出一张较高分辨率的图像，如图 4 - 157 所示，可将图像使用 Photoshop 软件进行调整，完成二维图像导出，还可使用相同方法对沙发墙面进行二维图像输出，如图 4 - 158 所示。

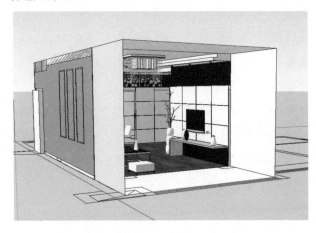

图 4 - 147

图 4 - 148

图 4-149

图 4-152

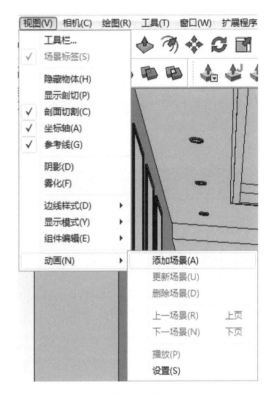

图 4-150

图 4-153

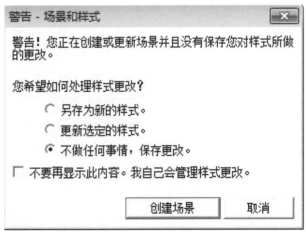

图 4-151

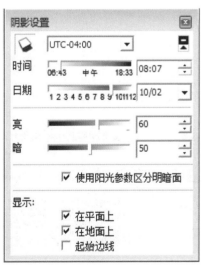

图 4-154

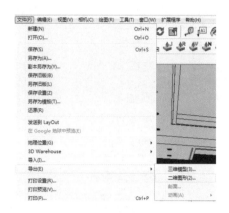

图 4 – 155

图 4 – 156

图 4 – 157

图 4 – 158

**小结：**

本章介绍了室内单空间 SketchUp 模型框架创建及方案表现，在模型创建过程中需要对户型 AutoCAD 图纸进行充分的了解，学习了将 AutoCAD 图纸精简并导入 SketchUp 的方法，综合运用了 SketchUp 各项建模命令，各位读者朋友在掌握建模命令的同时也要注意对群组的理解、局部细节的处理方法，完成一个室内空间的创建方法非常多，本案例只介绍了其中一种，有兴趣的读者朋友可以尝试将本案例多做几次，相信会有新的收获。还建议读者朋友在学习的过程中注意逐步收集并整理好模型素材库，一套完整的素材库有助于提高项目工作效率，并在今后的设计工作中终身受益。

## 4.2 室内全户型方案表现

### 4.2.1 项目创设

室内全户型空间表现是 SketchUp 常用的室内方案表现方式，如图 4 – 159 所示。与室内单空间方案表现相比具有设计方案表现更完整、更全面的优点，通过 SketchUp 软件在设计中尺寸三维化考量，可以真正准确地处理好空间与空间、空间与物体以及物体本身在功能与造型上的细节，经过 SketchUp 进行全户型方案推敲后，再绘制施工图纸时能对一些细节尺寸更有把握，做到胸有成竹。全户型空间项目与单空间项目相比，在知识点及技能运用难易程度上既是递进关系又是互补关系，比如厨卫、书房、卧室等之前单空间项目未涉及的空间模型创建及方案表现，在本项目中学习与实践，巩固 SketchUp 知识；而大多数全户型方案表现是无顶的，顶部造型制作方法在单空间项目中已经学习掌握，对于别墅等多层全户型方案表现，只需加入顶面造型即可。通过单空间与全户型两个项目学习与实践，知识点与方法技能基本涵盖全部室内空间方案表现。

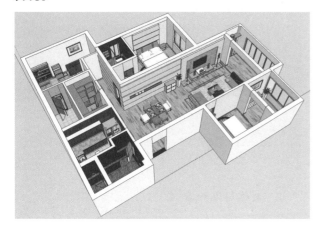

图 4 - 159

### 4.2.2　项目分析

项目为三室两厅两卫的家居空间，需要表现的是除顶面外全部空间的地面、墙面和家具软装部分，视角为鸟瞰视角，也分空间确定多个内部视角；平面布置方案如图 4 - 160 所示，SketchUp 全户型各空间方案表现主要用于整体方案推敲及设计过程，这个阶段尚未进行立面造型设计，具体方案制作详见操作步骤，在实际工作中，立面造型依据方案初稿来创建模型。

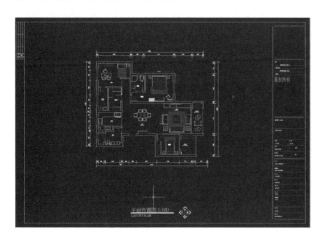

图 4 - 160

### 4.2.3　项目方案表现流程

项目主要需要创建的内容为室内整体框架模型、窗户模型和主要墙面造型模型，其余如家具、洁具及软装饰品可导入素材模型，思路与流程与单空间项目基本一致，主要流程如下：

（1）精简 AutoCAD 平面布置图纸，将 AutoCAD 精简后平面图纸导入 SketchUp 中，制作全房墙体框架。

（2）制作门洞、窗洞和窗户模型。

（3）分空间制作墙面造型、纹理及地面纹理。

（4）分空间调入需调整尺寸和造型的模型素材，如洗衣房整体面盆、衣帽间衣柜等。

（5）依次导入固定尺寸和造型的模型素材，如餐桌、沙发等。

（6）增加软装饰品细节模型，整体调整，完成项目制作。

### 4.2.4　项目方案表现具体步骤

#### 1. 精简并导入 AutoCAD 图纸

打开该项目"全房.dwg"AutoCAD 平面图，而后删除除图框、填充、尺寸标注等内容（注：保留墙体和家具布置图，方便后期导入模型素材的对齐参考），完成如图 4 - 161 所示，并对图纸进行另存，并将图纸导入 SketchUp（注：导入方法与前述一致）。

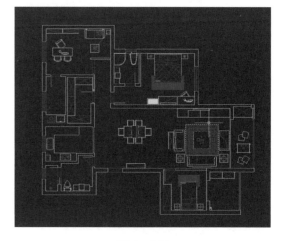

图 4 - 161

#### 2. 制作全房墙体框架

全房墙体框架的制作与单空间方案表现的墙

体框架制作是有区别的，首先单空间墙体框架只需表现墙体的内面，而全房空间墙体框架需表现墙体的厚度；其次单空间墙体描边可一次完成，全房的墙体框架需进行多次描边，目前普遍被接受的方法是先描外墙，再补充内墙。（注：全房空间墙体框架的描边方法很多，为避免造成混乱，可描完一段后马上就推拉生成墙体，再接着描下一段）

使用"直线"工具沿外墙进行描边，完成后将面向上推拉 2900 高度，如图 4-162 所示，使用相同的方法将内墙逐一描边并推拉，如图 4-163 所示（注：内墙描边过程中由于线的封闭会出现封面现象，将面删除即可，如果内墙面推拉出现是反面，右键反转平面即可），最后将外墙与内墙相连部分的线段删除，依据线封闭即封面原理，在各空间墙体底部分别绘制一条直线，将地面封面，如图 4-164 所示，完成全房墙体和地面框架制作。

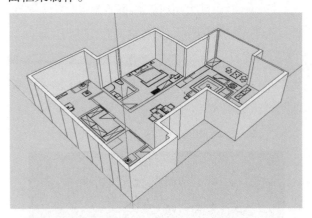

图 4-162

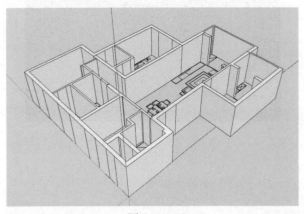

图 4-163

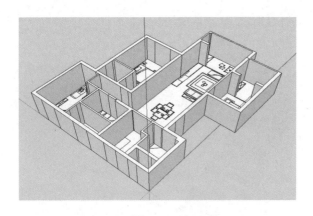

图 4-164

### 3. 制作门洞和窗洞

选择门底部线，将其向上移动复制 2000，如图 4-165 所示，使用"推拉"工具将门洞部分推空（注：向内推拉至显示"在平面上"表示已推拉至墙体内面，一般是直接推空，如确保推拉至内面，仍无法推空，推拉后将面删除即可），完成如图 4-166 所示，使用相同的方法完成其他门洞制作；选择窗底部线，如图 4-167 所示尺寸将其向上移动复制，使用"推拉"工具将窗洞部分推空，如图 4-168 所示，使用相同的方法完成其他窗洞制作；客厅与阳台之间、次卧与阳台之间、客卫干湿分区的门洞统一高度 2400，如图 4-169 至图 4-171 所示，全部门窗洞制作完成后如图 4-172 所示。（注：门洞及窗洞的宽度平面布置图已经确定，门洞和窗洞的高度本案例主要将制作方法，因此均按标准尺寸完成，实际工作中应按原始尺寸测量图来进行制作，方法相同）

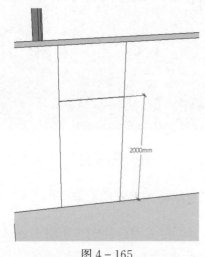

图 4-165

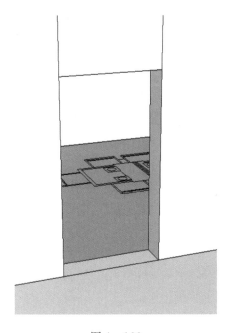

图 4 - 166

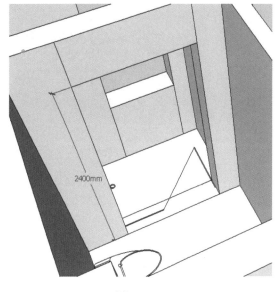

图 4 - 169

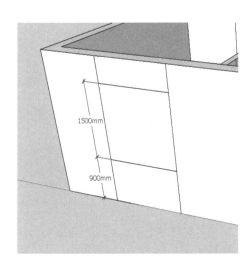

图 4 - 167

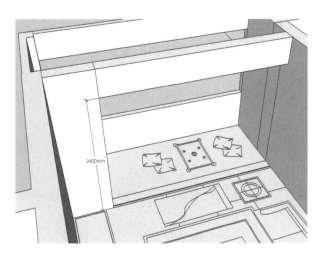

图 4 - 170

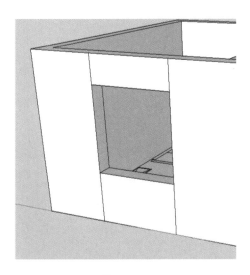

图 4 - 168

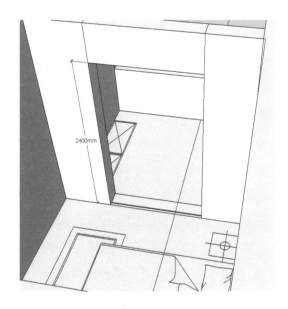

图 4 - 171

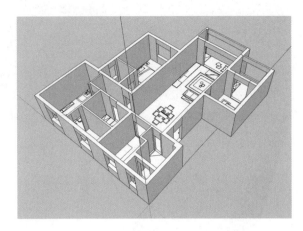

图 4-172

### 4. 制作窗户模型

普通推拉窗由整体窗框、单页推拉窗框和玻璃部分三部分组成。依据窗洞尺寸创建矩形，如图 4-173 所示，使用"偏移"工具向内偏移 50，将中间的面删除，再将其推拉 120，将模型创建为群组，完成整体窗框制作，如图 4-174 所示；使用相同的方法制作单页推拉窗窗框部分，宽度和厚度为 50，如图 4-175 所示；最后在窗框内创建一个矩形，推拉 10，赋予透明玻璃材质，将单页推拉窗和玻璃部分创建为群组，并将另外一页推拉窗复制出来，完成如图 4-176 所示。其余窗户

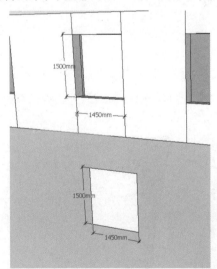

图 4-173

模型创建方法与其一致，完成如图 4-177 所示。（注：窗户的样式有许多种，具体依据设计方案和尺寸造型进行制作，只需掌握基本的制作方法即可；除单个制作外，还可使用 SUAPP 插件直接生

成，但后期 SUAPP 插件需要注册且提供的窗户样式较少，编者建议还是依据具体造型单个进行制作；除阳台外，其余窗户样式均为两页式推拉窗，阳台窗户由于长度关系，需制作多页，均分时需注意单页长度尽量与其他窗户基本保持一致，还要注意每页推拉窗需进行前后错位）

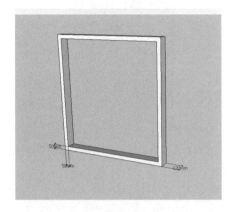

图 4-174

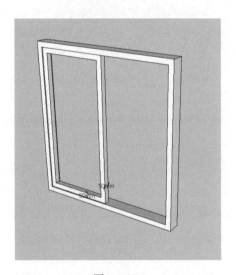

图 4-175

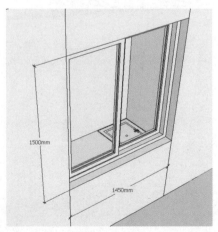

图 4-176

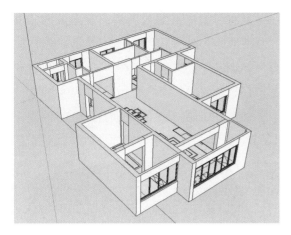

图 4 - 177

### 5. 制作卫生间方案效果

选择主卫地面轮廓线（注：门和窗部分线不要选择），依据图 4 - 178 所示尺寸将其向上复制，确定墙砖腰线部分，分别制作墙砖纹理、腰线纹理和地面材质纹理，如图 4 - 179 至图 4 - 181所示，分别将墙砖和腰线赋予对应的模型表面，

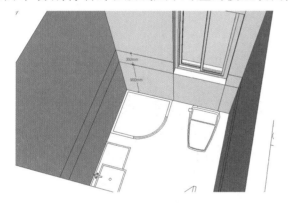

图 4 - 178

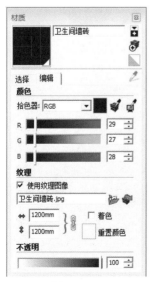

图 4 - 179

完成效果如图 4 - 182 所示，客卫纹理效果与主卫相同，完成效果如图 4 - 183 所示。

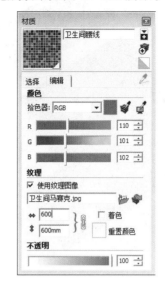

图 4 - 180

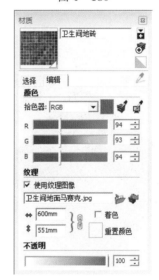

图 4 - 181

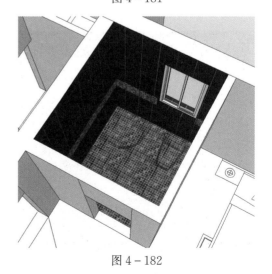

图 4 - 182

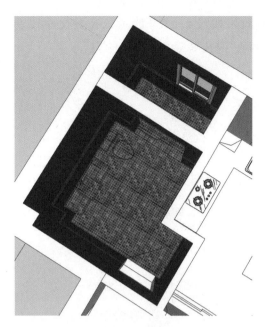

图 4 – 183

调入"淋浴房"素材模型，将其放置在主卫对应的位置，如图 4 – 184 所示，由于尺寸原因，模型与窗户部分未对齐，如图 4 – 185 所

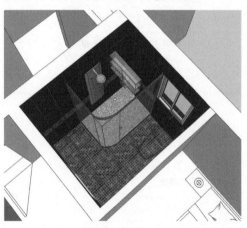

图 4 – 184

图 4 – 185

示，需要对模型进行编辑调整，双击进入"淋浴房"模型群组，选择模型弧形门与靠窗这一侧线与面，如图 4 – 186 所示，将其向内移动对齐窗洞边，完成如图 4 – 187 所示；调入"浴室玻璃门"素材模型，将其放置在客卫对应的位置，如图 4 – 188 所示，双击进入模型群组，选择玻璃

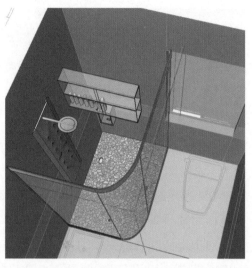

图 4 – 186

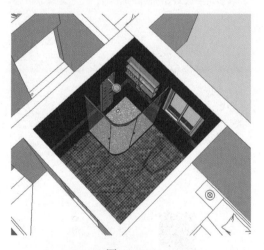

图 4 – 187

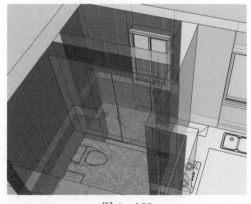

图 4 – 188

门两侧厚度面，将其推拉对齐到两侧门洞，如图 4 - 189 所示，对齐修改完成后如图 4 - 190 所示；最后依次调入马桶、洗手盆、毛巾架、淋浴花洒等无须调整的模型，并将其放置在对应的位置，完成两个卫生间方案效果制作，如图 4 - 191 和图 4 - 192 所示。（注：调入模型时，应先调入需要编辑尺寸和造型的模型素材，完成编辑后再调入固定样式的模型）

图 4 - 192

### 6. 制作厨房方案效果

厨房主要制作部分是橱柜和吊柜，其余如冰箱、燃气灶等可以直接调入模型素材。先使用"直线"工具在厨房地面描出橱柜面，如图 4 - 193 所示，将橱柜向上推拉 800，完成如图 4 - 194 所示，选择橱柜底部边线，依图 4 - 195 所示

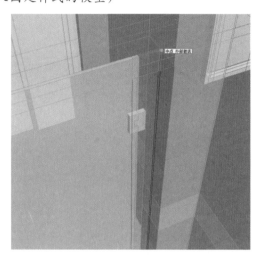

图 4 - 189

图 4 - 190

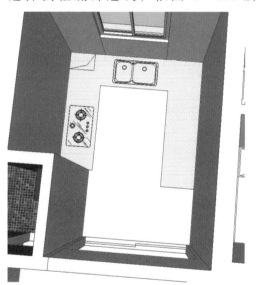

图 4 - 193

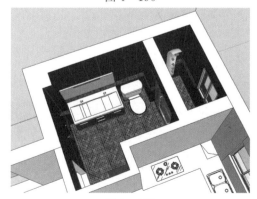

图 4 - 191

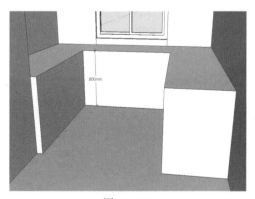

图 4 - 194

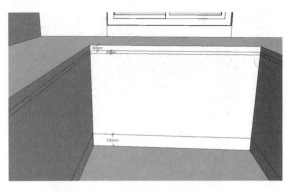

图 4 - 195

尺寸将其向上移动复制，完成橱柜基本模型创
建。选择橱柜分割出来的底部脚踢面，将其向内
推拉 60，完成如图 4 - 196 所示，选择柜门与
台面之间的分割面，将其向内推 20，完成如图
4 - 197 所示。制作橱柜柜门，选择右侧橱柜柜门
边线，右键单击"拆分"，如图 4 - 198 所示，将
其拆分为 6 段，并分别绘制柜门分割线，如图
4 - 199 所示，制作每组柜门中间装饰线条，宽度
为 10，完成如图 4 - 200 所示，制作柜门拉手，

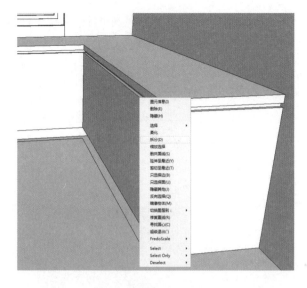

图 4 - 198

图 4 - 199

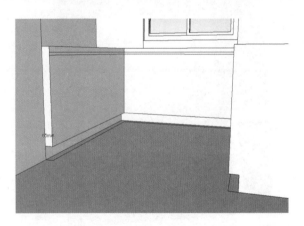

图 4 - 196

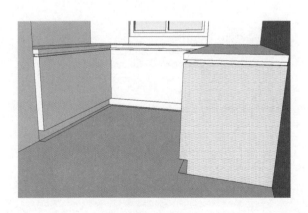

图 4 - 197

图 4 - 200

绘制如图 4-201 所示的矩形，并将其复制到每个柜门上方，向内推 10，完成如图 4-202 所示（注：装饰线条部分也一并向内推 10），使用相同的方法制作正面柜门造型，完成如图 4-203 所示。制作台面挡水板模型，分别选择橱柜靠墙轮廓线，将其向内移动复制 20，删除多余直线，完成如图 4-204 所示，将面向上推拉 100，完成如图 4-205 所示。

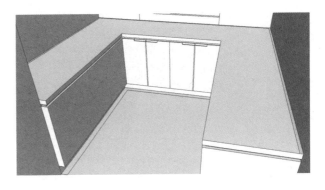

图 4-204

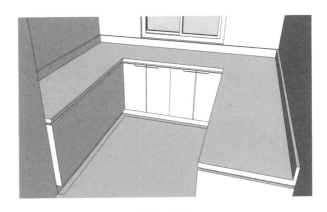

图 4-205

制作橱柜材质纹理效果，首先制作如图 4-206 所示橱柜台面材质，将其赋予橱柜台面，选择暗红色作为橱柜门材质，灰色作为踢脚板和柜体材质，完成如图 4-207 所示。

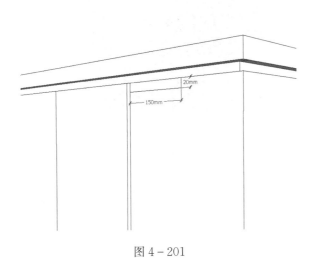

图 4-201

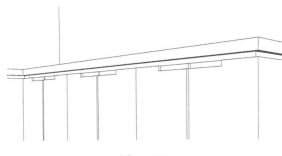

图 4-202

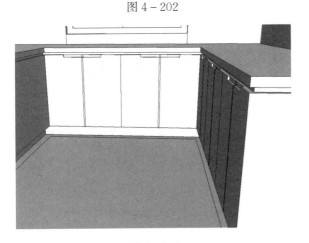

图 4-203

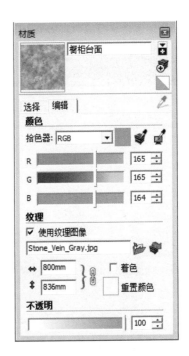

图 4-206

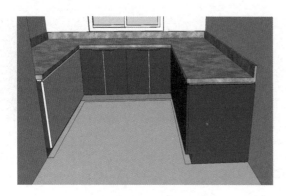

图 4 - 207

制作吊柜模型，选择台面挡水板靠墙的直线，将其沿墙面向上 700 和 600 分别复制两条，使用直线将缺口封闭，完成如图 4 - 208 所示，将分割的面向外推拉 320，完成吊柜柜体制作，如图 4 - 209 所示，使用前述方法完成柜门和纹理制作，完成如图 4 - 210 所示。

图 4 - 210

调入消毒柜面板模型，将其对齐到左侧柜体中间，如图 4 - 211 所示，使用"直线"命令将消毒柜两侧进行分面，并依据前述方法对称制作三个等分抽屉，完成如图 4 - 212 所示；制作如图 4 - 213 所示金属边装饰条材质，并赋予橱柜对应位置，完成橱柜整体制作，如图 4 - 214 所示。调入燃气灶和油烟机模型，并放置在对应位置，完成如图 4 - 215 所示。调入洗菜盆模型，放置到合适位置，并将橱柜台面对应洗菜盆大小的面删除，完成如图 4 - 216 所示。调入冰箱型，制作好厨房墙面和地面材质纹理，制作

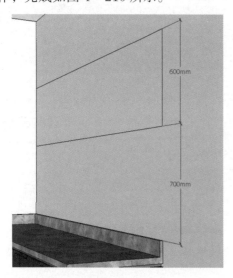

600mm

700mm

图 4 - 208

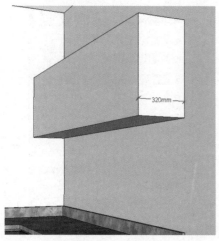

320mm

图 4 - 209

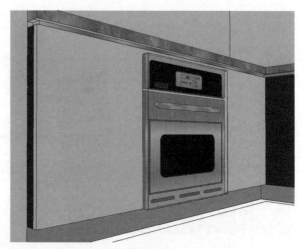

图 4 - 211

好厨房推拉门，如图 4-217 所示，完成厨房方案效果制作。（注：推拉门的制作方法及厨房墙面和地面纹理的制作方法与前述相同）

图 4-212

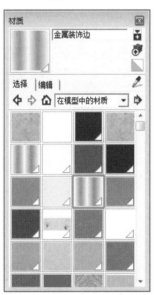

图 4-213

图 4-214

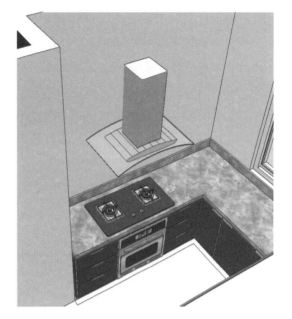

图 4-215

图 4-216

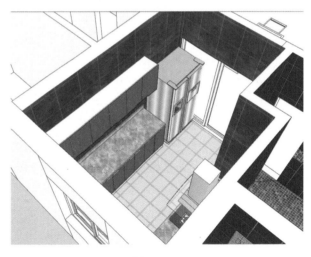

图 4-217

### 7. 制作洗衣房方案效果

洗衣房方案比较简单，但有一处洗手盆及洗衣机的整体模型，素材中很难找到对应的模型，因此需要借助已有的洗手盆模型素材和橱柜吊柜的制作方法，对模型素材进行编辑修改和重新制作。调入洗衣机和洗手盆模型，将其放置在对应的位置，如图 4-218 所示。调整洗手盆位置和台面高度，并将洗手盆台面宽度进行调整，完成如图 4-219 所示。在洗手盆下方制作抽屉和储

进行尝试和练习）。衣帽间的衣柜模型素材就是在素材模型的基础上依据项目实际尺寸和造型进行编辑修改，本案例提供原始模型素材和编辑完成的模型，有兴趣的读者朋友可以在原始模型素材上进行编辑修改尝试。

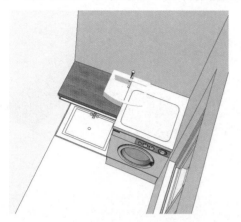

图 4-218

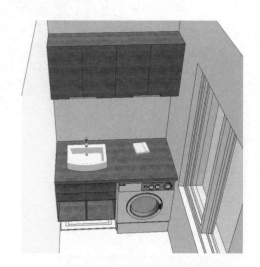

图 4-220

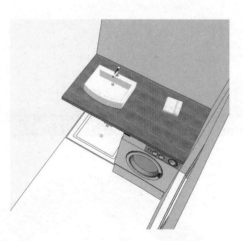

图 4-219

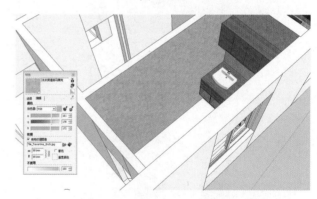

图 4-221

物格，在上部制作储物柜，完成如图 4-220 所示（注：抽屉和储物格尺寸可依据实际进行确定，储物柜制作方法与橱柜吊柜制作方法一致，材质纹理与洗手盆台面纹理一致）；制作如图 4-221 所示洗衣房墙面马赛克纹理，洗衣房地面纹理与厨房地面纹理一致，完成洗衣房方案效果制作，如图 4-222 所示（注：室内方案表现大部分模型素材是无法直接调用的，需要在其基础上单独对尺寸、造型、纹理进行编辑修改，还可在其造型上增加造型内容，模型素材的编辑修改是室内方案表现非常重要的内容，建议读者朋友多

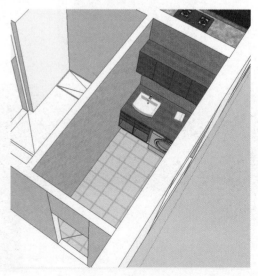

图 4-222

#### 8. 制作书房方案效果

书房方案由书桌、书柜、沙发和茶几组成，方案设计中墙面无造型，模型素材均可直接调用，因此方案制作较为简单，制作完踢脚线，调入对应的模型即可，此处为保证视觉效果的统一，模型素材的纹理统一为书桌木纹，模型素材的造型均选择风格统一的现代简约造型，完成效果如图 4 - 223 所示。

图 4 - 223

依据设计方案，书房内门为推拉门，需要制作推拉门缝和推拉门。将推拉门缝的墙体厚度轮廓线分别向内复制 50，如图 4 - 224 所示，将推拉门缝面向内推门的宽度 1110，如图 4 - 225 所示，制作单页推拉门及玻璃并创建为群组，将其放置在保持开一半的位置，完成书房推拉门制作，如图 4 - 226 所示。

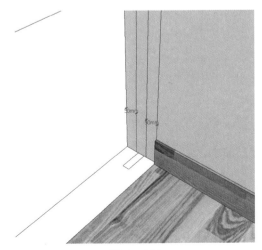

图 4 - 224

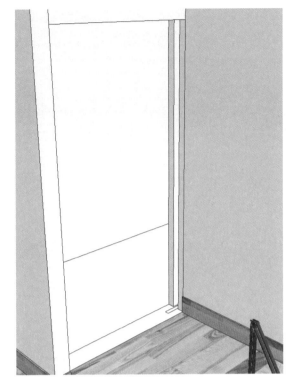

图 4 - 225

图 4 - 226

#### 9. 制作卧室和客厅立面造型

在主卧床立面顶部 2600 高度绘制吊顶高度线，上部为吊顶部分，不进行制作，并绘制如图 4 - 227 所示尺寸墙面造型分割直线，依据图 4 - 228 所示造型及尺寸制作墙面造型灯槽，使用"拆分"的方法将造型表面进行 5 等分，并绘制等分线，如图 4-229 所示，依据等分线绘制出宽度为 20 的勾缝，并将勾缝向内推 10，如图 4-230 所示，完成主卧立面造型。

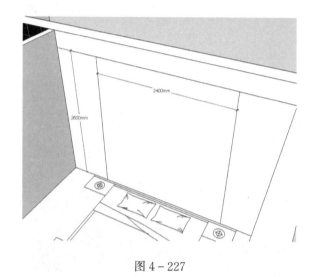

图 4-227

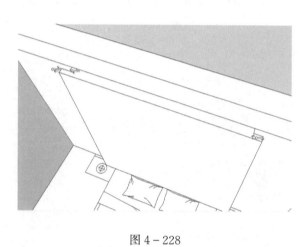

图 4-228

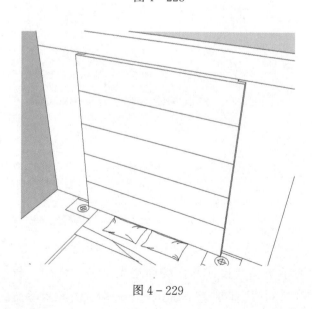

图 4-229

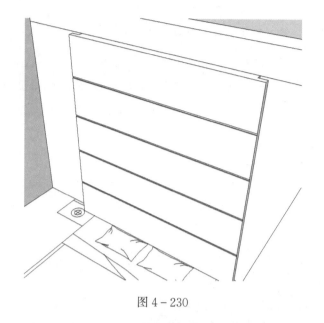

图 4-230

在客厅电视背景墙及过道立面顶部 2600 高度绘制吊顶高度线，并在距阳台 3900 处绘制客厅与餐厅立面造型分割线如图 4-231 所示；将电视背景墙以 520 为单位分割出 U 形造型，并向外推 120，餐厅及过道部分向外推 60，如图 4-232 所示；制作好电视背景墙的灯槽造型，完成如图 4-233 所示，将餐厅墙面拆分为 5 段，如图 4-234 所示（注：为保证造型的连贯性，此处墙面造型一直延续到过道）。将等分线一直贯穿到过道，将下面三等分造型部分向外推 60 平电视背景墙造型，并如图 4-235 所示位置及尺寸创建分割面，将分割面向内推 120，如图 4-236 所示，将底面向上复制推拉 40，并将其向外推拉 30，如图 4-237 所示，完成装饰造型底座制作。

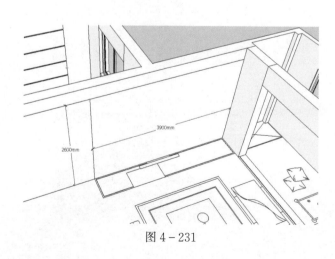

图 4-231

图 4-232

图 4-233

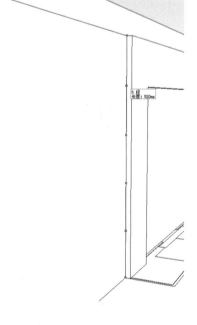

图 4-234

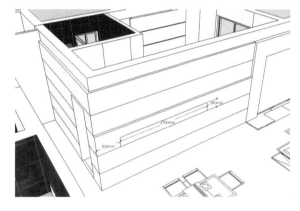

图 4-235

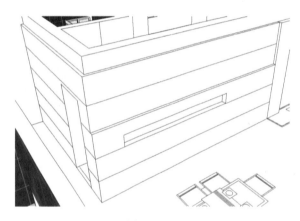

图 4-236

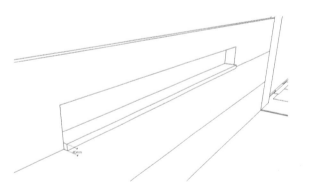

图 4-237

## 10. 制作卧室及客厅墙面和地面纹理

主卧和客厅墙面白桦木饰面造型纹理如图 4-238 所示，电视背景墙内贴墙纸，纹理如图 4-239 所示，次卧沙发墙壁纸纹理效果如图 4-240 所示，将两个卧室墙面赋予米黄色乳胶漆，参数如图 4-241 所示，为餐厅装饰造型内部及底座赋予灰色材质，整体墙面完成效果如图 4-242 所示。

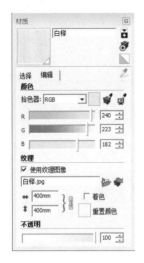

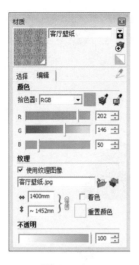

图 4 - 238　　　　　　　　图 4 - 239

好卧室和客厅对应的踢脚线和地面木地板纹理，完成效果如图 4 - 244 所示，最后依据图 4 - 245 所示的参数制作好门槛石纹理，所有墙面和地面的纹理制作完效果如图 4 - 246 所示。

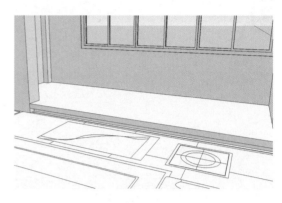

图 4 - 243

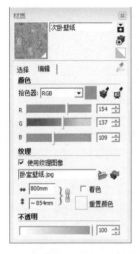

图 4 - 240　　　　　　　　图 4 - 241

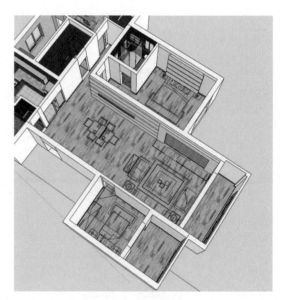

图 4 - 244

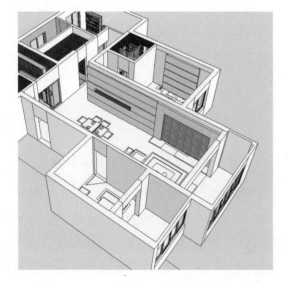

图 4 - 242

依据设计方案将两个阳台地面抬高 150，并制作好地面暗藏灯槽，如图 4 - 243 所示，制作

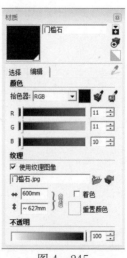

图 4 - 245

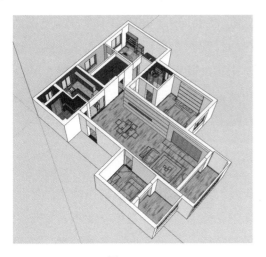

图 4 - 246

### 11. 调入素材模型并整体编辑调整

调入对应的素材模型，并依据设计方案对素材模型的尺寸、纹理和造型进行编辑调整，完成后可设置适当的阴影效果，最终完成室内全户型方案表现，如图 4 - 247 至图 4 - 252 所示。（注：素材模型的编辑调整方法前文已述，在完成户型框架的基础上，读者朋友可以依据自己的设计方案选择模型素材，注意家具模型的造型和纹理要与设计风格保持一致）

图 4 - 249

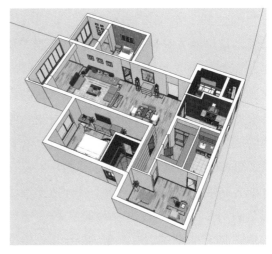

图 4 - 250

图 4 - 247

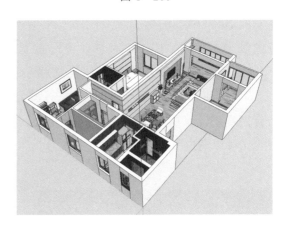

图 4 - 251

图 4 - 248

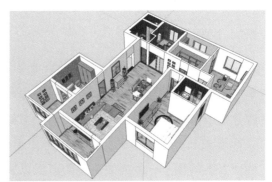

图 4 - 252

**小结：**

本章介绍了室内全户型方案表现的方法，通过此项目的练习掌握室内全户型方案表现基本流程和方法技巧，项目整体较为简单，更多的是起到入门作用。作为室内设计静态三维表现的综合项目，SketchUp 软件对于设计者而言更重要的不在于写实效果的表现，而是利用其"所见即所得"的特点对设计方案中尺寸的三维化考量、空间与空间之间、空间与物体之间造型细节的推敲，确定最终的方案和辅助施工图的绘制。从技术层面而言，首要的还是熟练掌握 SketchUp 软件的各项操作，其次是获取大量设计素材特别是家具模型素材，最后是具备对各种素材进行编辑处理的能力。任何设计都不是凭空想象，在初学阶段，更多地分析他人的优秀作品并在大量设计素材中去获取适合的设计风格、设计造型、设计色彩、设计肌理等不失为一种简易和快速的途径，建议读者朋友多浏览类似 SketchUp 中文官方设计论坛、SketchUp 吧、紫天 SketchUp 中文网等专业 SketchUp 论坛和学习网站，里面不仅提供大量学习教程，还提供大量模型资源下载，对于学习 SketchUp 有较大帮助。受篇幅所限，SketchUp 后期 Layout 及漫游动画本书没有提及，有兴趣的读者朋友在完成本书各章节内容的学习后，可以通过上述途径进行自主学习。

## 4.3 室外景观效果方案表现

### 4.3.1 项目创设

SketchUp 建模对于建筑及景观设计师来说，是一个非常便捷的工具，主要用于设计过程中对于整体方案的推敲和细化，是从平面功能布局提升到立体形象和空间展示的一个重要设计手段，对于设计方案的调整、最终效果图的形成以及下阶段的方案初步设计和施工图的完成都有一定的

指导价值。SketchUp 建模对于设计师来说是一个再设计的过程，在操作过程中除了要熟悉软件的工具使用和处理手法，更多的是要融入特色空间设计和形象设计的设计理念，将设计与表现很好地融合起来。

### 4.3.2 项目分析

新天汇办公区景观模型制作的实际案例，需要表现的是除了建筑的具体立面形态以外的全部室外景观空间，包括地形的高差处理、地面的材质、景观构架和小品的样式、植物空间形态的表达、景观细节和材质的体现等多个方面，视角为鸟瞰视角，也分多空间进行不同视角的展示，由于其中会有大量的重复工作，本书只详细讲解中间的经典步骤，类似的和重复的内容，靠读者自己的理解来完成。

### 4.3.3 项目流程的制作

#### 1. 前期的准备

在建模之前应该对现有的资料进行整理，并对方案内容具有一定的认识和理解，因为 SketchUp 是一个接口十分丰富的"中间软件"，可以与多个软件进行导入（图片插入参照、AutoCAD、SketchUp、3ds max）导出，非常方便。但如果前期方案是由手绘完成的平面图，为了保证尺寸和体量上的标准性和节约时间，我们常用的方式是通过导入 AutoCAD，用描图来将景观环境需要的平面信息体现出来。

AutoCAD 平面图的内容应包括：

（1）整个环境场地内的标高（水景要有底面标高和水面标高）和地形高差状况（等高线、挡墙、微地形）；

（2）场地内的道路宽度和线型，地面停车场的布置，有地下车库的地方要有车库出入口的位置和大小；

（3）场地内的铺装和广场的具体位置与大小尺寸；

（4）场地内的景观构架和小品的具体位置与大小；

（5）场地内建筑的首层平面图。

因为有一些复杂的景观建模是在地形相对复杂的基础上进行的，同时场地内建筑要求非常完整的体现，这个时候就需要导入原始地形图和建筑的底层平面图，由于这些图纸是在测绘和天正的基础上绘制的，本身就存在竖向高度，我们就要对 AutoCAD 进行相关的整理，整理时要注意以下问题：

（1）关闭导入图层中的不需要的内容，比如建筑内部的家具摆设、原始地形中的坐标、尺寸标注、文字标注等内容，只保留对建模有用的信息内容；

（2）将所有图层进行标高清零处理并明确每个图层的名称（道路、建筑、植物等）；

（3）将原有封闭的形状进行线条闭合。

**2. 方案的分析**

在准备好前期的平面图部分后，我们要对方案进行进一步的分析和推敲，主要是针对 AutoCAD 和方案彩平与意向，对要深入的内容进行基本的了解和分析，在建模之前应该要胸有成竹。以新天汇办公区景观模型制作为例，先整理和找到建模必备的现有资料，如 AutoCAD 平面图和彩色平面图。（图 4 - 253 所示为新天汇办公区景观

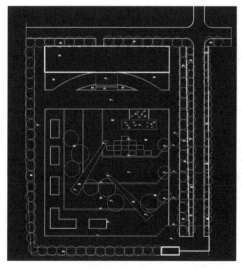

图 4 - 253

CAD，图 4 - 254 所示为新天汇办公区景观彩色平面图）

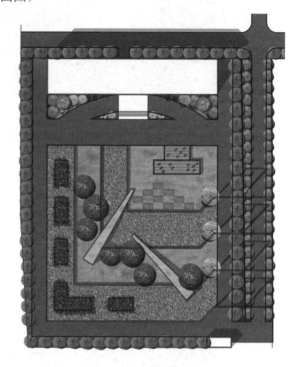

图 4 - 254

在建模前先将 AutoCAD 文件进行相应的处理，如图 4 - 255 至图 4 - 258 的处理（注意植物图层要关掉图 4 - 259），最终实现让 AutoCAD 文件导入时不出现错误和减少建模的工作量。

准备好 CAD 文件后我们要根据所有的资料，心里想好要建模的风格和整体感觉，可以找一些相关类型的图进行参考。注意找的参考的规模要相当，设计的类型要统一，设计风格要类似才能具备参考价值。

**3. 前期建模工作**

底图的导入：

将准备好的 AutoCAD 文件导入 SketchUp 界面，具体操作如下：

（1）单击"文件"里面的"导入"命令，弹出"打开"对话框，找到建模的 AutoCAD 文件位置，选择目标文件，如图 4 - 260 所示。

（注：对话框中文件类型必须选择 ACAD Files（*dwg*dxf）格式，否则对话框中无法找到目标文件）

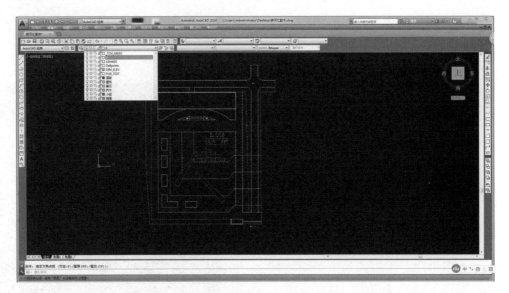

图 4 – 255

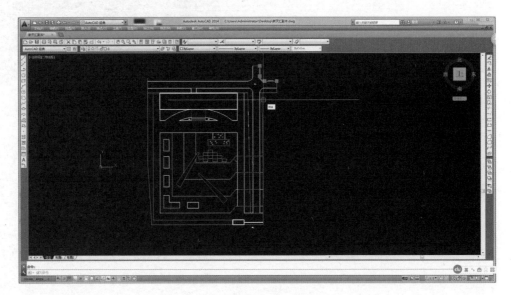

图 4 – 256

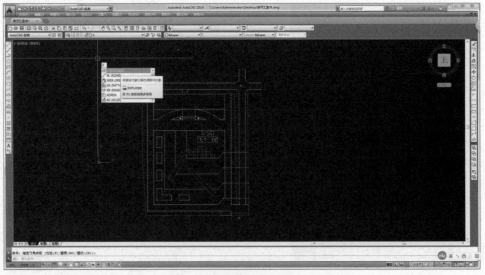

图 4 – 257

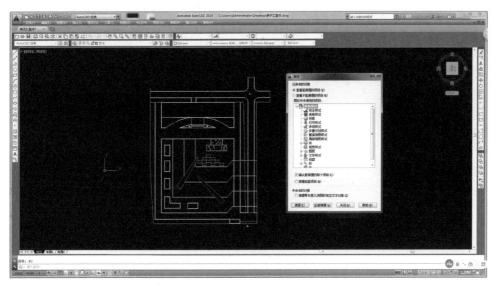

图 4－258

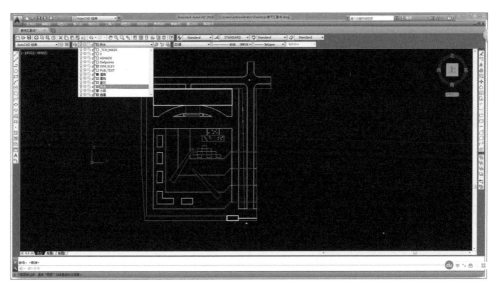

图 4－259

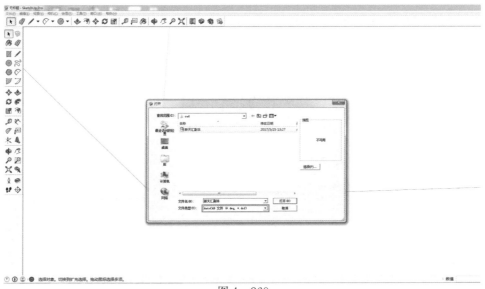

图 4－260

（2）单击"打开"对话框中的"选项"按钮，弹出"导入选项"对话框，设置相关信息，勾选合并共面上的面、面的方向保持一致、保持原图，单位设置为"毫米"，如图 4-261 所示。

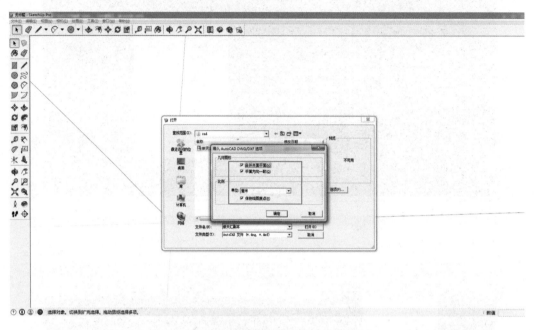

图 4-261

（注：设置的单位可以为任意选项，但是因为过小的单位会造成阅读困难，尤其是大场地的景观设计，单位过小，图形文件运行速度会越慢，建议在做不是很大场景且对模型的要求非常精细的室外环境以"毫米"为单位，在做大型项目和基本的概念模型时选取以"米"为单位，在"风格"选项中将"轮廓"选择一项进行取消选择。此项操作是为了保证导入的 dwg 文件中线条变成细线，以便精确地建模）

（3）单击"打开"按钮，弹出"导入结果"对话框，里面显示了所有图层的相关信息，如图 4-262 所示。

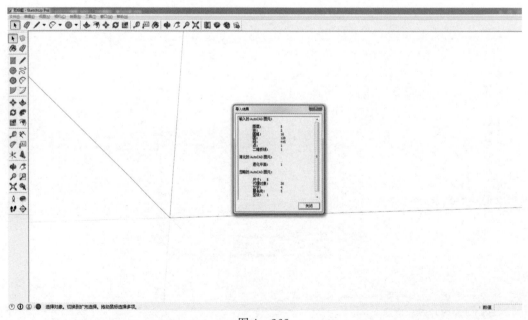

图 4-262

[注：有时候导入的图片因为大小和坐标不合适，在操作区域内无法显示，这时候应该单击"充满视图（快捷键 Shift＋Z）"，如图 4－263 所示所有的图形才会在屏幕区域内显示]

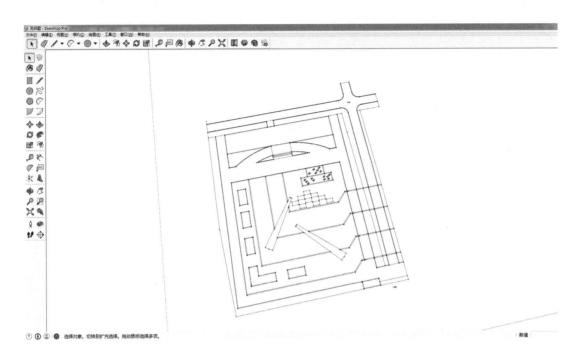

图 4－263

（4）线框成面：将线框变成面是 SketchUp 建模操作中非常重要的一步，虽然作为课程练习的内容相对简单，但是这个过程中很容易出现一些问题，具体操作如下：

导入后单击"窗口"中的"图层"命令，如图 4－264 所示，将弹出"图层"对话框。

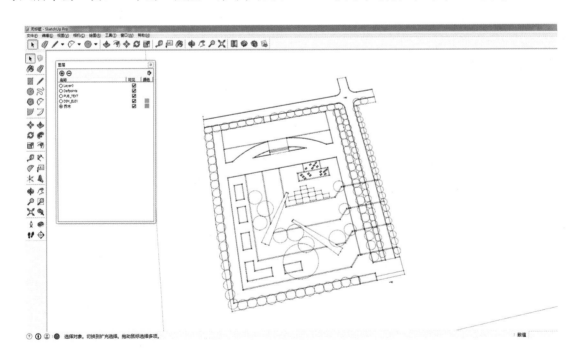

图 4－264

单击"图层"对话框右上角的按钮（图 4-265），选择选项"清理"，就可以把没有内容的图层清理干净。

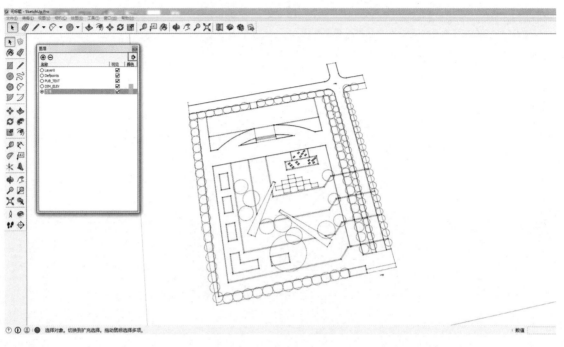

图 4-265

（注：图层中的"乔木"图层因为有 CAD 图层中的关联问题，虽然关闭以后没有图形内容，但仍然存在这个图层，我们要选择"乔木"图层，点击左上角的"删除图层"命令如图 4-266 所示，出现如图 4-267 所示对话框，选择"删除图层命令"将其删除后如图 4-268 所示，图层彻底清理干净了）

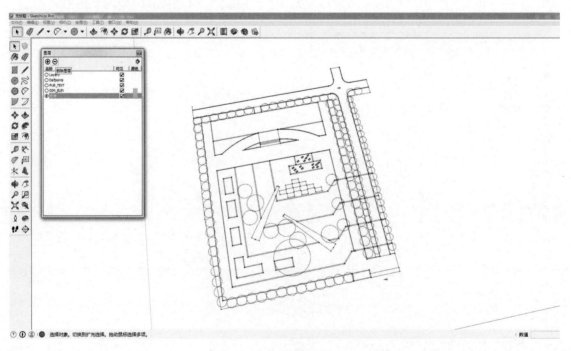

图 4-266

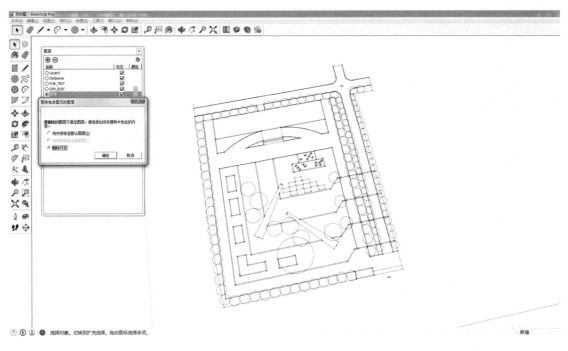

图 4 - 267

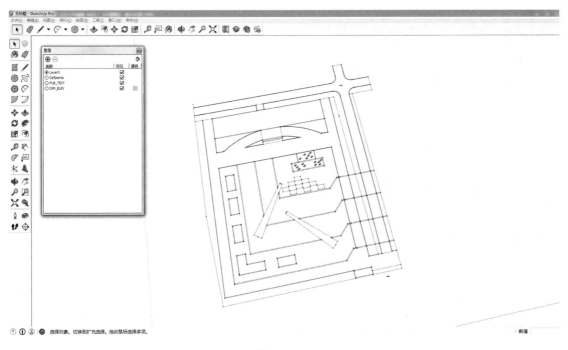

图 4 - 268

按住鼠标中间的滚动键不放，旋转视图，如图 4 - 269 所示，找到坐标原点。

单击左上角 "选择" 按钮，选择全部图形，全选后的线条全部变成蓝色，如图 4 - 270 所示，单击 "移动/复制" 按钮，将所有图形移动到原点位置，并使得图形中的某个角点和原点重合，如图 4 - 271 所示；

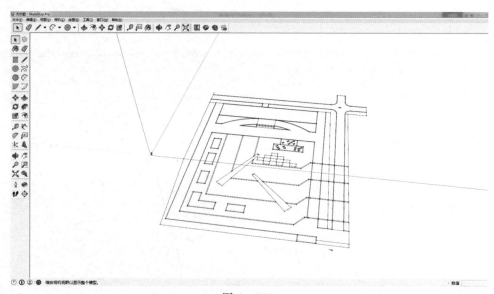

图 4 - 269

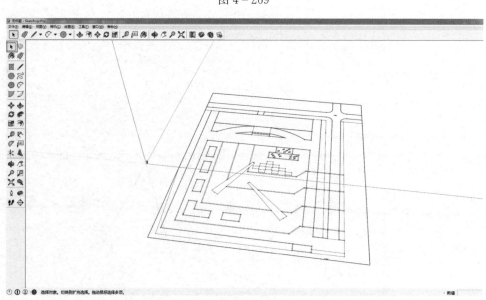

图 4 - 270

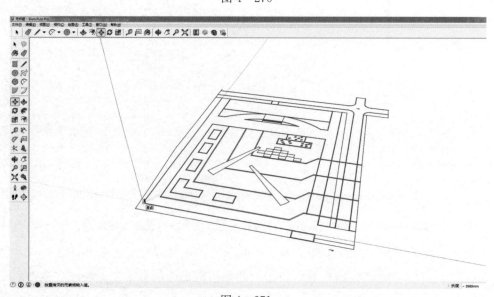

图 4 - 271

（注：如果在导进来的 CAD 的外框以外部分没有闭合的情况下，我们应该单击"矩形"按键，如果视角不好绘制可以放大和调整视角，从对角方向拉出矩形将画面完全闭合，如图 4－272 所示）

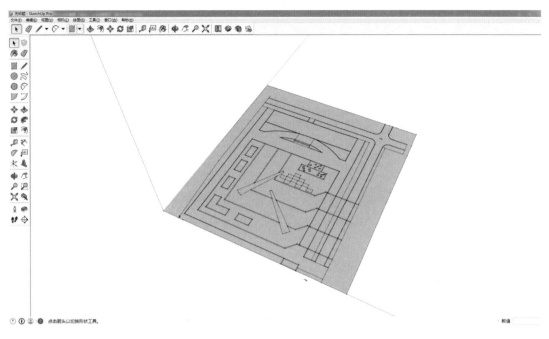

图 4－272

AutoCAD 导入图形后，开始描线将一个个面闭合，在封面过程中会发现导入的 AutoCAD 有很多线头，需要手工进行处理，对于那些没有连接起来的线头，需要单击"直线"命令，将线头连接起来（图 4－273），而对于那些画出矩形外框的多余线头（图 4－274），我们应该单击"直线"命令，从交点处向端点画线（图 4－275），然后单击"删除（橡皮擦）"按键，删掉多余的线头。

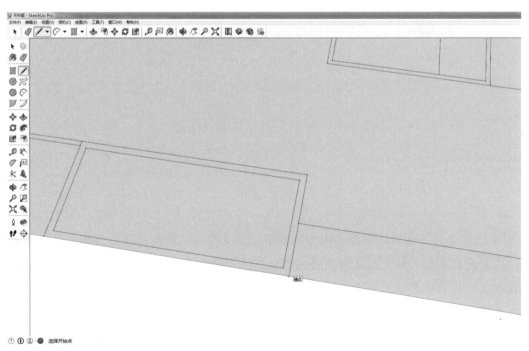

图 4－273

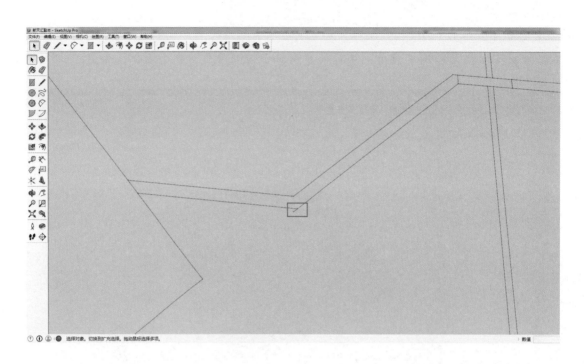

图 4 - 274

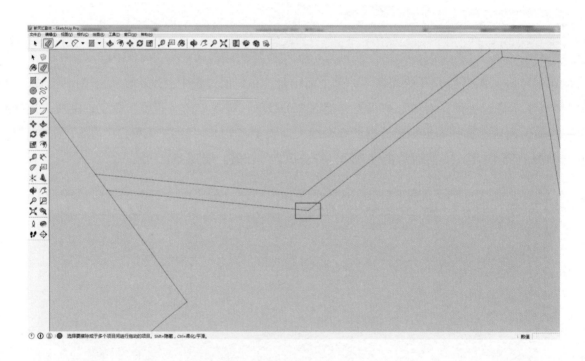

图 4 - 275

（注：如果图形太大，看不到明显的线头，但面又没有闭合，这个时候我们要单击工具栏中的"缩放"命令，进行放大查找，封面先从简单的矩形和直线开始，注意如果线条都封闭了，且在一个平面上，那么在线段的任何位置绘制任意长度的线段都会使其融合到平面中，线段显示为细线，一个面封闭后，我们用鼠标左键双击，将会出现图 4 - 276 所示的情况）

在封面的过程中，用鼠标右键点击，选择"将面翻转"，使正面朝向相机，如图 4 - 277 所示。翻转后的面如图 4 - 278 所示，为以后拉伸建模打下基础。

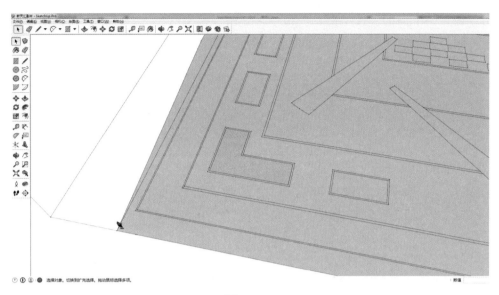

图 4 – 276

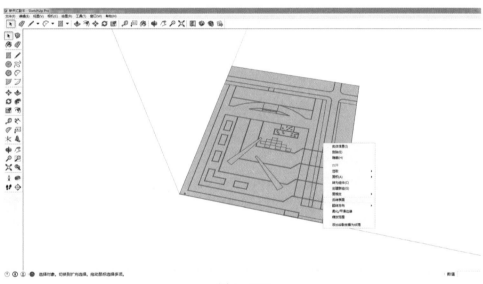

图 4 – 277

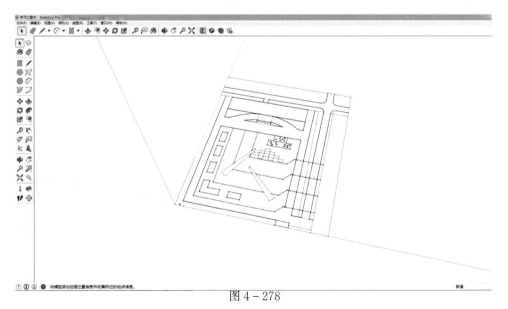

图 4 – 278

（5）单击"窗口"下面的"模型信息"命令，弹出"模型信息"对话框，在"单位"选项中选择单位形式：十进制—米—精准度 0.00m，如图 4-279 所示。

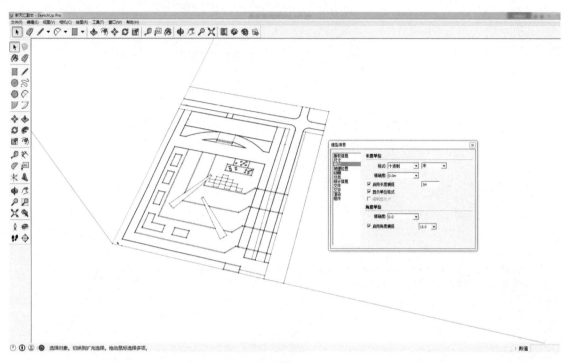

图 4-279

（6）标注尺寸后，如图 4-280 所示，已经完成将 AutoCAD 的图形转化到了 SketchUp 中。

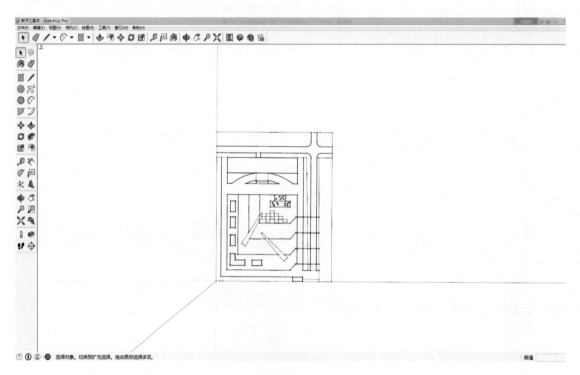

图 4-280

**4．基本地形的拉伸**

（1）我们从设计中看到建筑周边的车行道为山坡，标高为 + 5.3 米，比大门入口处标高 + 0.3 米高出 5 米，整个场地内草坪比周边道路也要矮，这个时候我们选取建筑前车行道（图 4 - 281），单击"推/拉"按钮，对道路进行竖向拉伸，输入高度 0.3 米，输入后效果如图 4 - 282 所示。

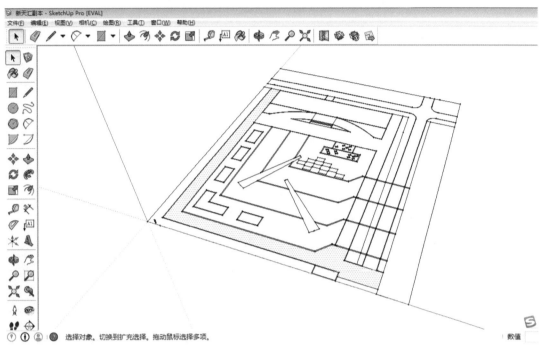

图 4 - 281

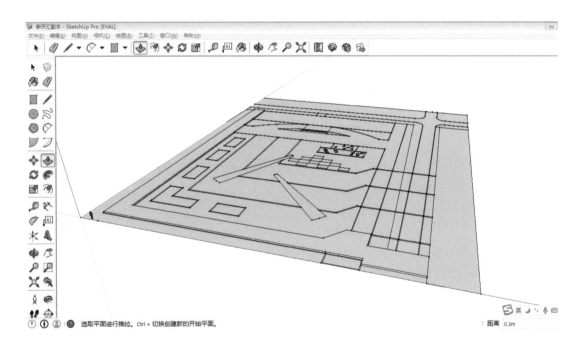

图 4 - 282

（2）接下来把其他一样标高的道路进行拉伸。

（注：在建筑大门入口处起坡的地方没有用线进行分开，我们选择直线工具，画线，进行封闭，如图 4 - 283 所示）

（3）门卫岗亭处的场地有一个起坡的高差，标高相差 0.3 米，我们选择"直线"命令从两边画线，把起坡点画出来（图 4 - 284），接下来将多出的面，用拉伸工具拉到与起坡点平齐位置，如图 4 - 285 所示，接下来用"直线"工具连接两端的起坡点和坡顶点，如图 4 - 286 所示，连完以后面形成斜坡面的闭合（图 4 - 287）。

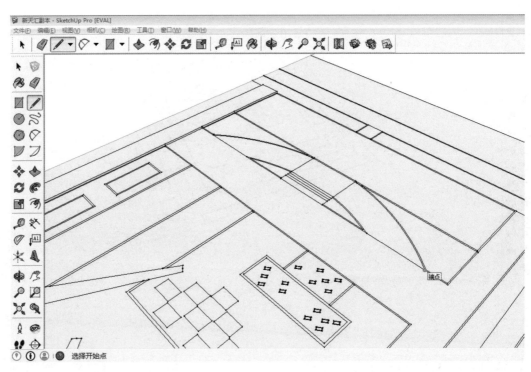

图 4 - 283

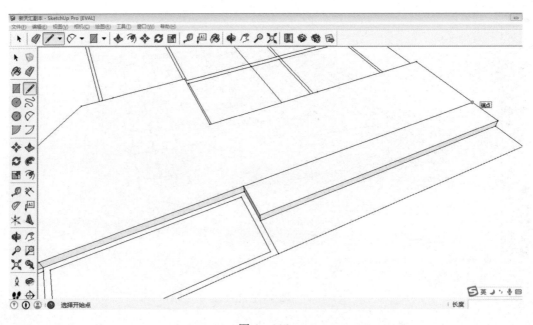

图 4 - 284

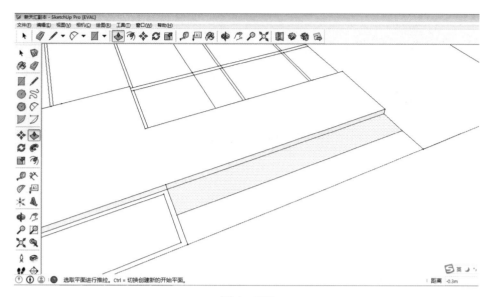

图 4 - 285

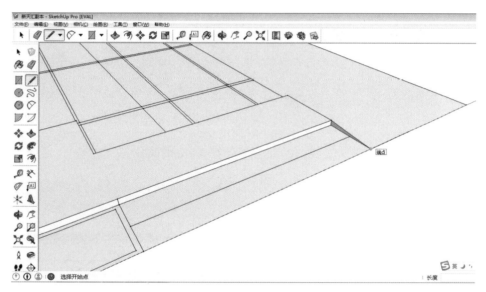

图 4 - 286

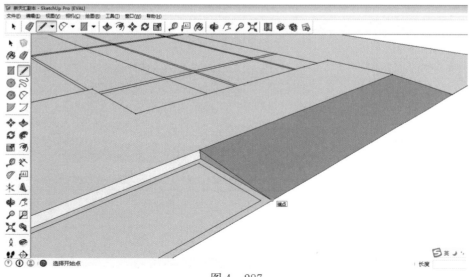

图 4 - 287

（注：画起坡点前应该通过量取尺寸，计算斜坡坡率，如果坡度超过 8% 的车行道，不符合设计规范，应该将起坡点继续往内推，加大坡长）

（4）然后将建筑周边的车行道进行拉伸，如图 4 – 288 所示的其中放坡的区域，用上述同样的方法进行连接和封闭，完成后效果如图 4 – 289 所示。

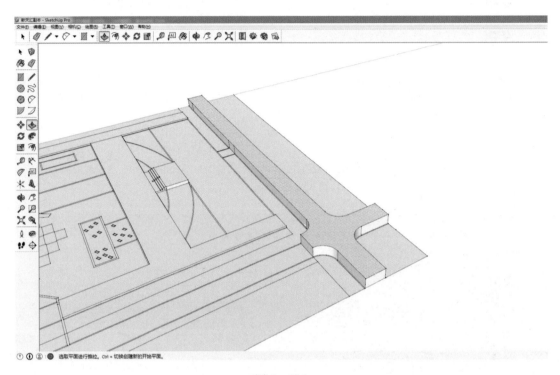

图 4 – 288

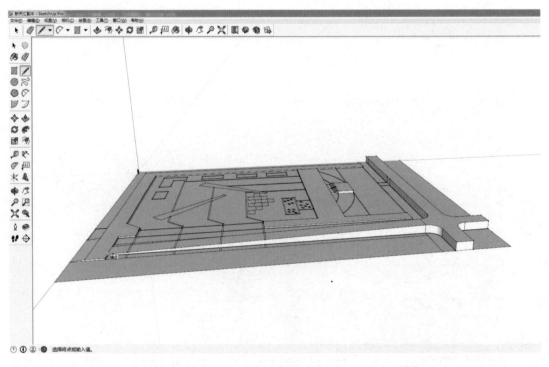

图 4 – 289

（注：如果直线连接了起坡点和坡顶点后，斜面没有出现闭合现象，证明所连接的线条不在一个面上，需要用橡皮擦删除后，放大重新画线）

（5）建筑出入口的台阶用"拉伸"工具，输入高差数据（高度 0.15 米），形成台阶高差效果，如图 4 - 290 所示，拉伸道路边的挡墙和地块的高差（如图 4 - 291）。

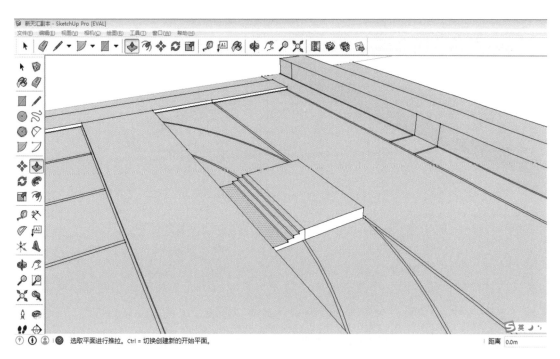

图 4 - 290

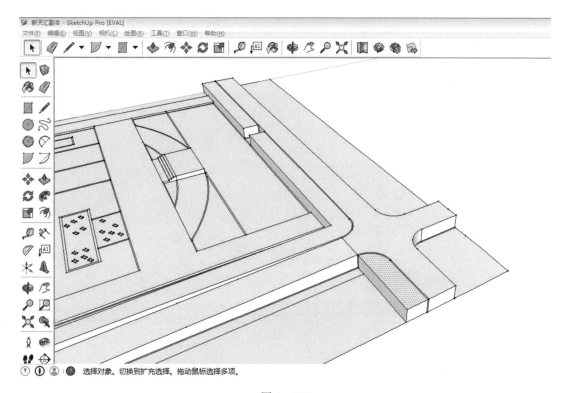

图 4 - 291

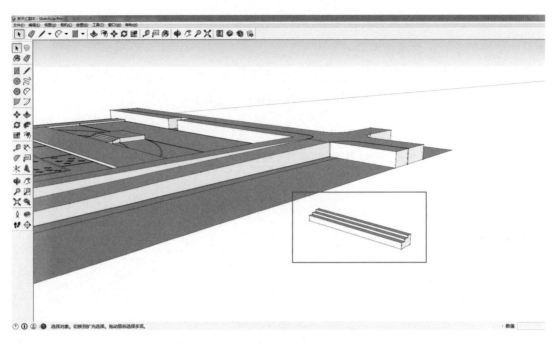

图 4 - 292

（6）入口门楼前的台阶我们要单独来完成，首先将斜坡的平面和高度形状线复制移动到模型边上空旷的区域（图 4 - 292），然后在台阶背面找到中点并用"直线"工具画一条垂直线（图 4 - 293），并在垂直线两边分别用"直线"工具画出高 0.6 米、宽 0.15 米的矩形（图 4 - 294），接下来（同上）在台阶正面用"直线"工具画出长 0.4 米、宽 0.15 米的矩形（图 4 - 295），然后用"直线"工具沿着边界线画线连接（图 4 - 296），接着用"直线"工具进行封面（图 4 - 297），形成斜坡（图 4 - 298），最后全选台阶及坡面，点击鼠标右键选择"创建组件"后形成一个组件（图 4 - 299），然后删掉原台阶（图 4 - 300），用"移动工具"将组件移到图形当中（图 4 - 301）。

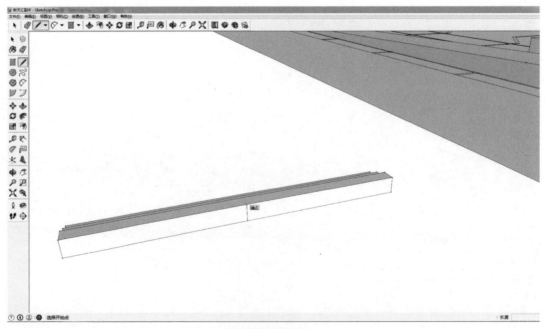

图 4 - 293

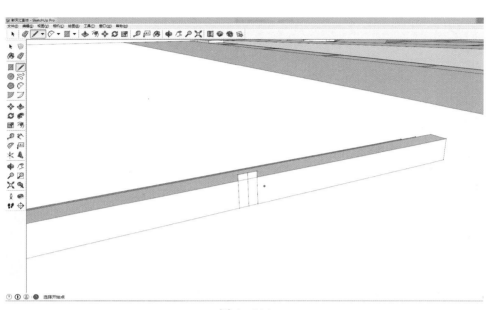

图 4 - 294

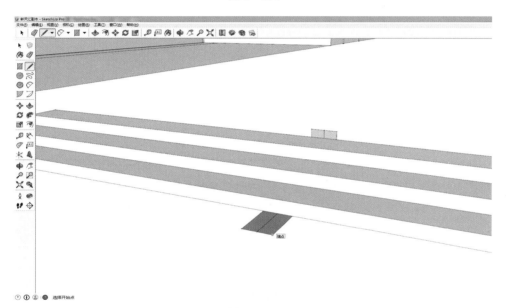

图 4 - 295

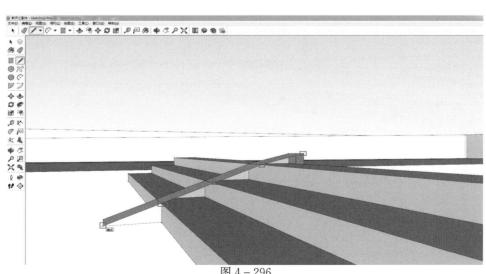

图 4 - 296

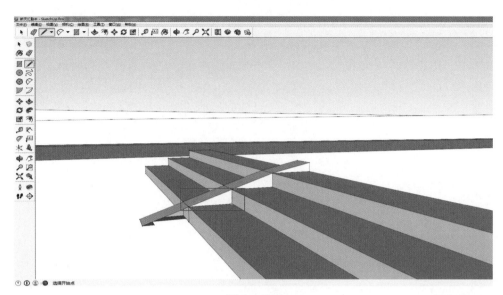

图 4 - 297

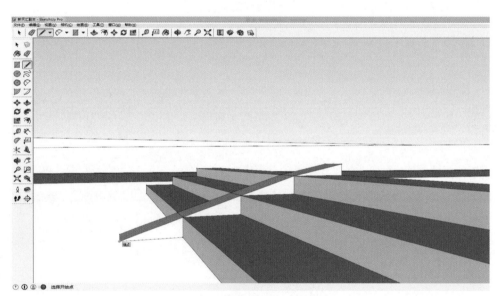

图 4 - 298

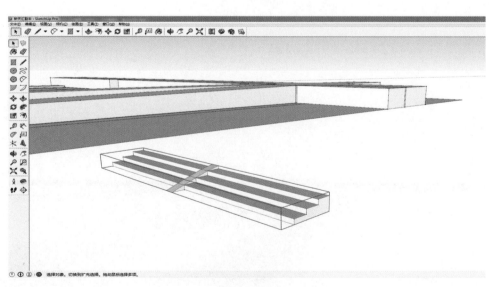

图 4 - 299

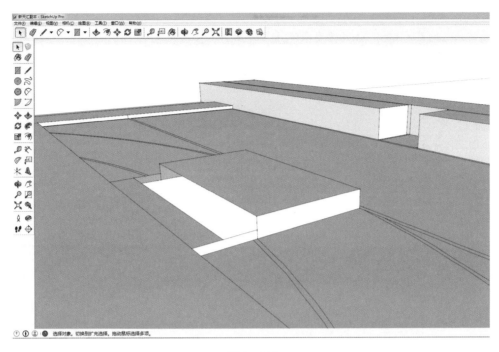

图 4 - 300

（7）台阶两边的车行斜坡面，我们先将底部线条进行复制，移动到边上的空地，用直线命令画 0.6 米的线条，如图 4 - 302 所示，同时另一边也绘制同样的高度，形成一个矩形的面，如图 4 - 303 所示，接下来使用"圆弧"工具命令连接坡顶和坡底的端点，如图 4 - 304 所示，找到弧线中点，在绿色轴线上延伸（图 4 - 305），找到与另一边弧线的交点，保证道路两边在一个平面上（图 4 - 306），顶面闭合以后，在靠近外围的一边用圆弧命令画出边缘石的线条（图 4 - 307），再用直线连接端点（图 4 - 308），形成封闭的面，如图 4 - 309 所示，接下来贴材质（图 4 - 310），最后成组件（图 4 - 311），将组件移到建筑入口相应的位置。

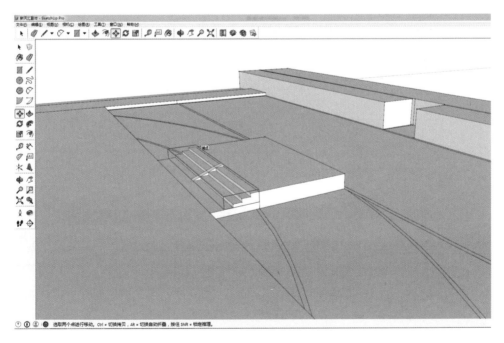

图 4 - 301

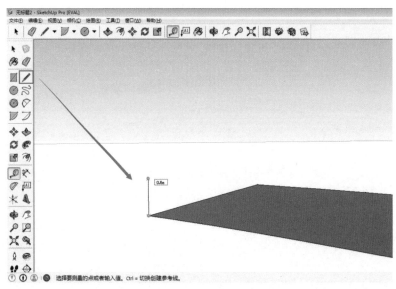

图 4 – 302

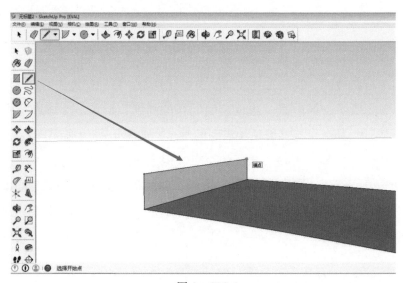

图 4 – 303

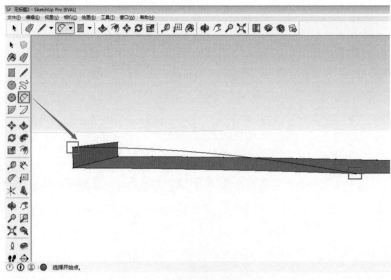

图 4 – 304

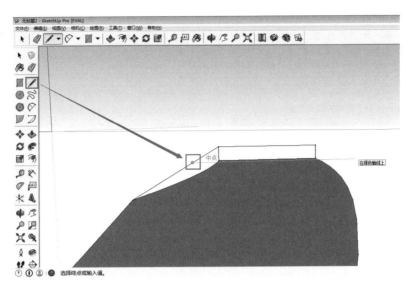

图 4 – 305

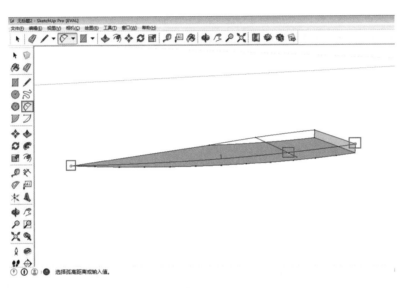

图 4 – 306

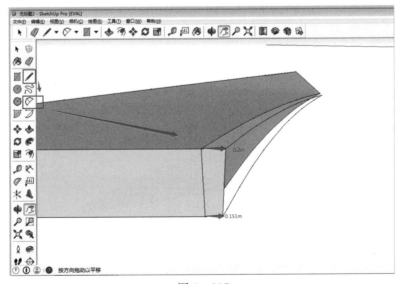

图 4 – 307

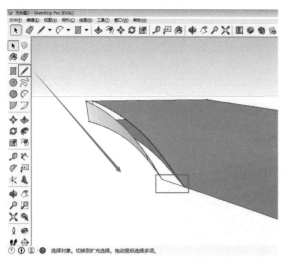

图 4 - 308

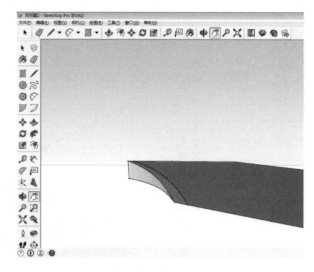

图 4 - 309

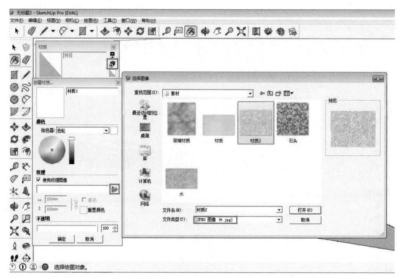

图 4 - 310

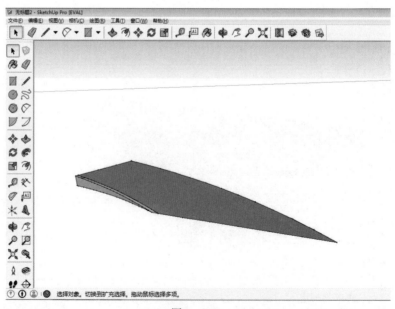

图 4 - 311

（8）建筑前坪的草地和草中的石子铺地以及条石边的高差我们根据标高用拉伸工具来完成，形成整个场地的基本地形高差关系。

### 5. 材质的填充

（1）建完基本的地形以后，为了能很好地区分每一个块面的内容，我们一边进行材质的填充，点开颜料桶，出现材质工具对话框（图 4 - 312），按步骤点开材质贴图（图 4 - 313）。

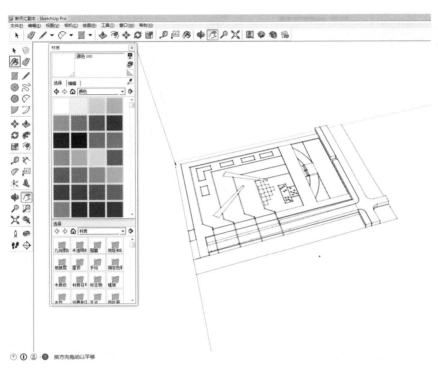

图 4 - 312

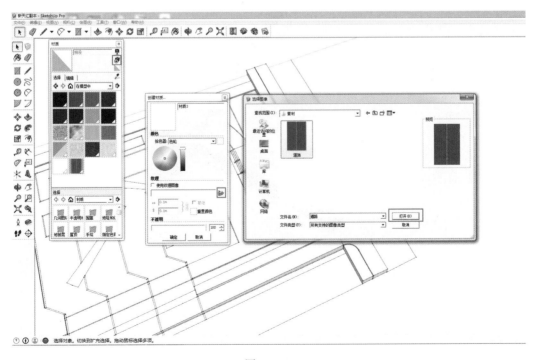

图 4 - 313

（注：如果填完一块以后发现颜色过深如图 4 - 314 所示，点选编辑出现图 4 - 315 所示内容，调整颜色倾向和亮度，以达到你想要的色彩效果和图面明暗效果）

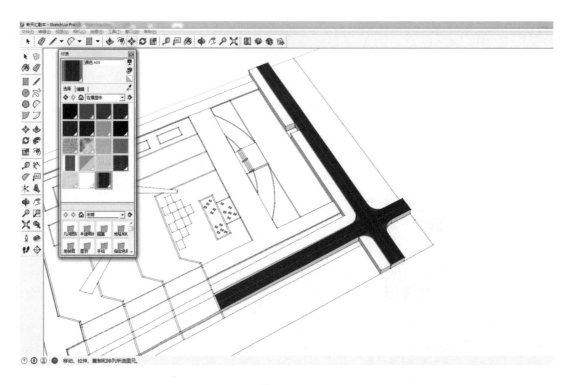

图 4 - 314

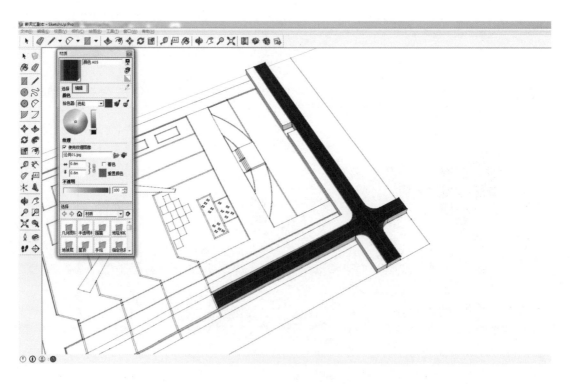

图 4 - 315

然后将全部路面、铺装和草地填充完毕，效果如图 4 - 316 所示。

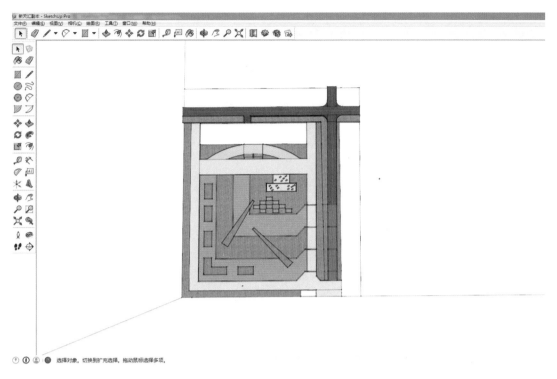

图 4 - 316

（注：材质在填充后要把图面缩小和放大以查看素材的图面比例）

## 6. 竖向关系的拉伸和细化

（1）接下来是挡墙和其他垂直高差的区域的拉伸，先选择挡墙的边界线，选择"偏移"工具，往里移动，并输入数据 0.3 米，确定后进行材质填充，效果如图 4 - 317 所示。

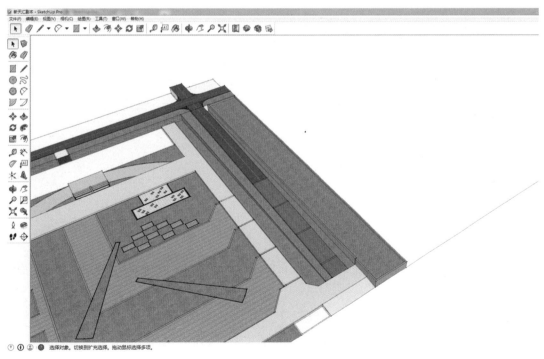

图 4 - 317

（注：如果挡墙只有一边的情况下，我们要选择挡墙顶部边界线，如图 4－318 所示，滚动鼠标左键放大你要复制的线的端头，选择"移动"工具，并同时按下"Ctrl＋Alt"两个键，往里移动并输入厚度 0.3 米如图 4－319 所示，完成后填充挡墙，如图 4－320 所示）

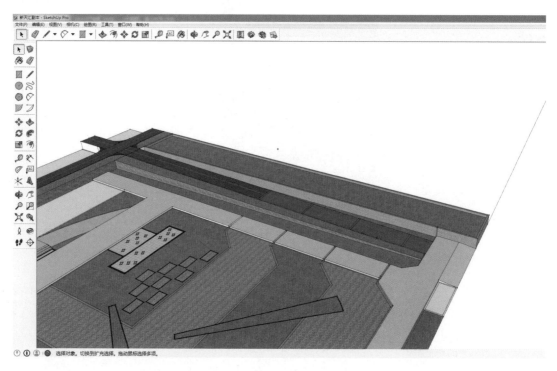

图 4－318

图 4－319

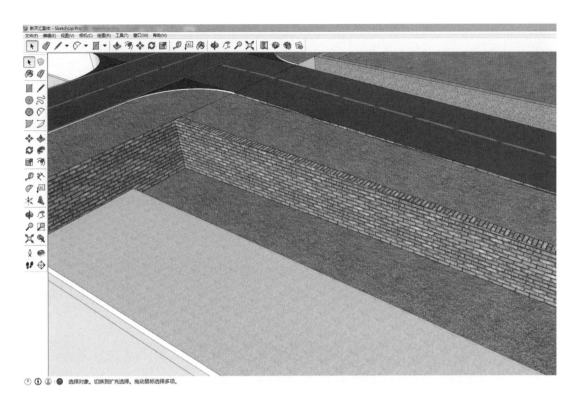

图 4 - 320

（2）用同样的方式完成建筑周边的挡墙，填充材质，完成建筑周边的挡墙（图 4 - 321）。

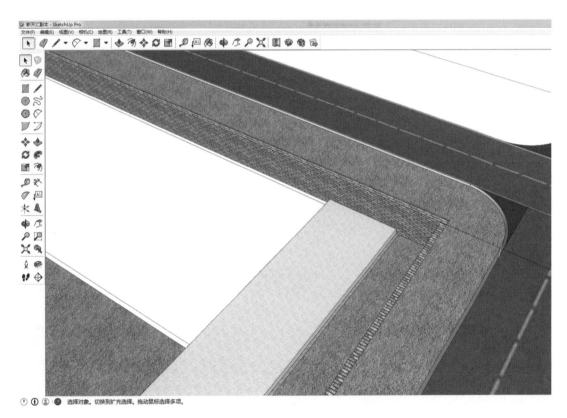

图 4 - 321

（3）接下来完成建筑次要出入口的台阶，由于原有线稿没有分线条，必须手动完成。先选取台阶的边线，选"移动"命令，同时按住"Ctrl + Alt"两个键，往里移动并输入厚度 0.3 米，然后选取面，点拉伸工具，往下拉，输入数据 0.15 米，最终完成台阶的制作，如图 4 – 322 所示，然后选取材质进行填充，如图 4 – 323 所示。

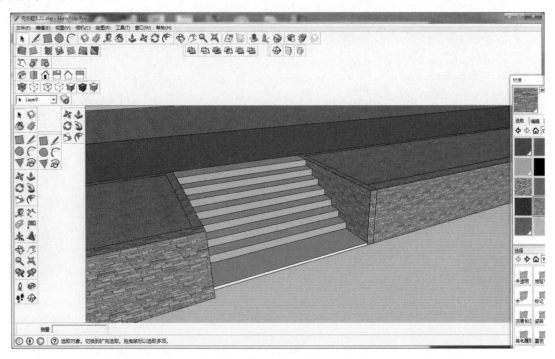

图 4 – 322

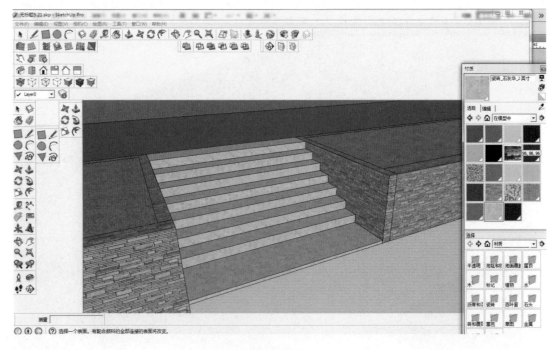

图 4 – 323

（注：如果楼梯材质的填充过密时，我们可以选择材质中的"编辑"命令，调整材质的长度和宽度比例，注意要选择文件夹图标右侧的"锁头"标志的右面的左右扩展和上下扩展命令，在其中数据区间输入比例，同时在调整的同时可以看到在模型中附加的该材质的比例关系变化）

（4）拉伸草地和草坪边缘石的高度（图 4 - 324）。

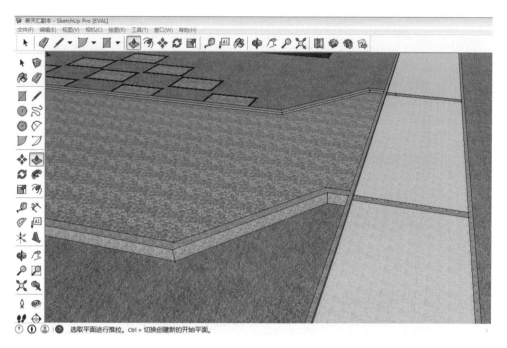

图 4 - 324

（5）有 2 块规则式斜面草地如图 4 - 325 所示的所选范围，先选择"直线"工具，根据平面 AutoCAD 的标高，在蓝轴上画线，输入数据 1.5 米，另一端输入 0.3 米，如图 4 - 326 所示，选择"环绕"工具，一边摁住鼠标左键，左右移动视线，找到能看到两端端点的合适角度，如图 4 - 327 所示，选择"直线"工具，从高处往低处的端点之间画线，闭合成面，如图 4 - 328 所示，另一边采用同样的方式进行画线成面，接下来将两端的线条，画线闭合成面，最终成为完整的体块，如图 4 - 329 所示，同样的方法完成另外一个斜坡草地。

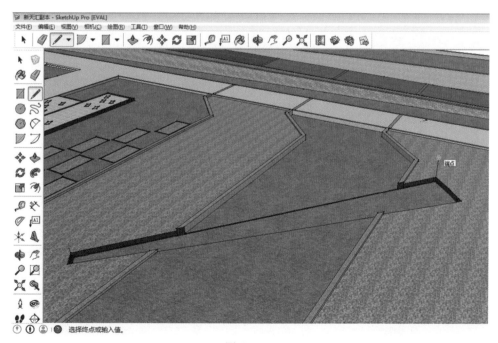

图 4 - 325

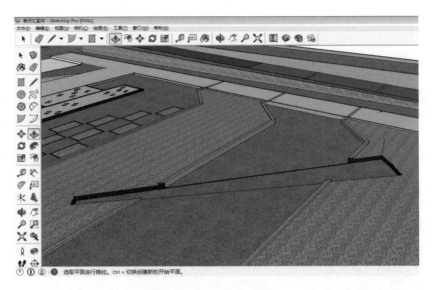

图 4 – 326

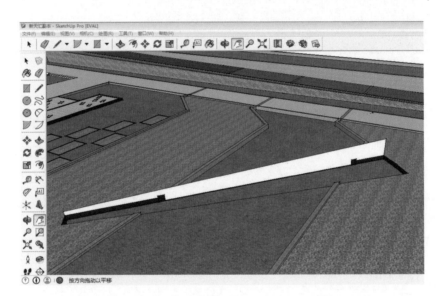

图 4 – 327

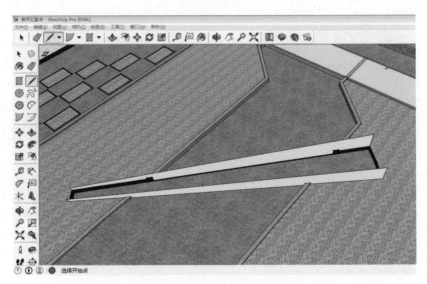

图 4 – 328

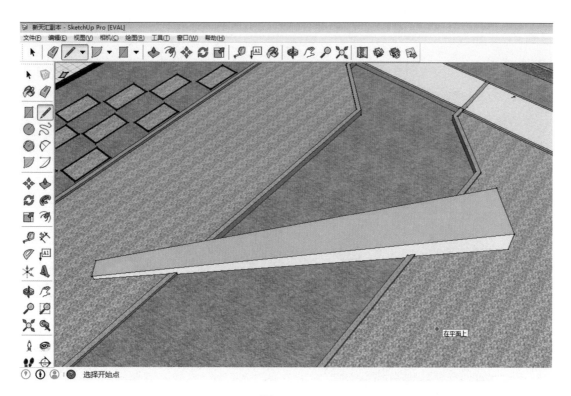

图 4 - 329

（6）拉伸花坛：选择"拉伸"工具，将花坛边输入数据 0.75 米，内部种植槽区域输入数据 0.5 米，并将所有的花池按照此数据进行拉伸，最后效果如图 4 - 330 所示。

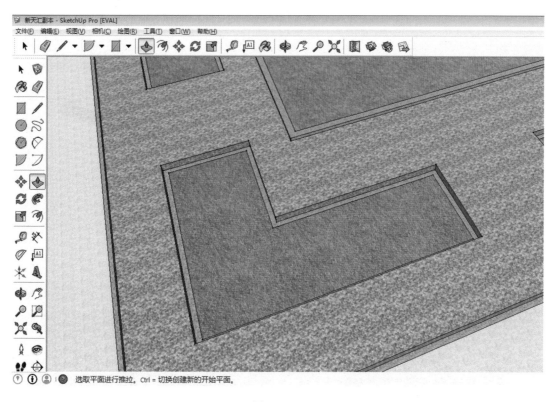

图 4 - 330

**7. 建筑景观构架的拉伸和细化**

（1）休闲平台：首先将休闲平台复制移动到模型边上空旷的区域（图 4－331），选择"矩形"工具画出 0.3 米的正方体并成组件（图 4－332），选中正方体，同时按住"Ctrl＋Alt"复制移动正方体（图 4－333），翻转休闲平台，完成台墩的制作并成组件（图 4－334），删掉原休闲平台，选择"移动"工具原点对准基点，完成制作（图 4－335）。

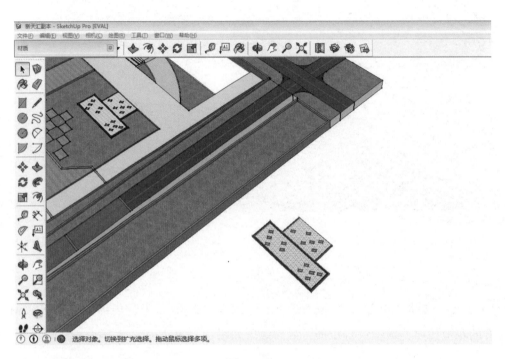

图 4－331

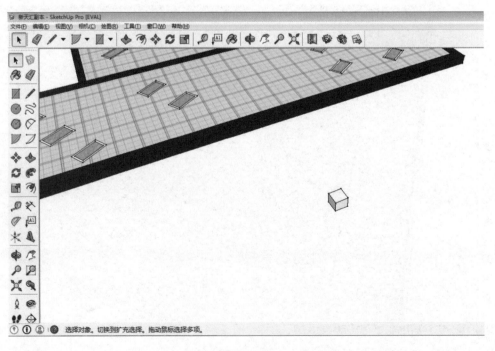

图 4－332

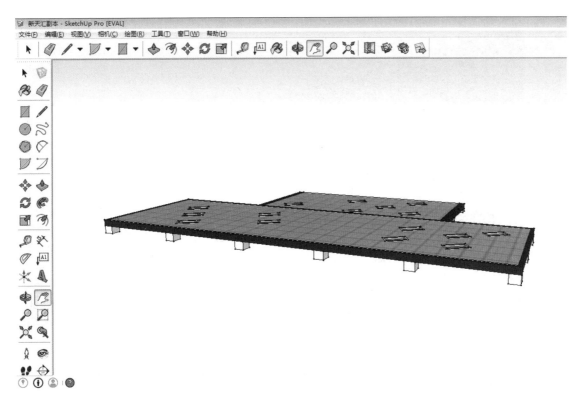

图 4 - 333

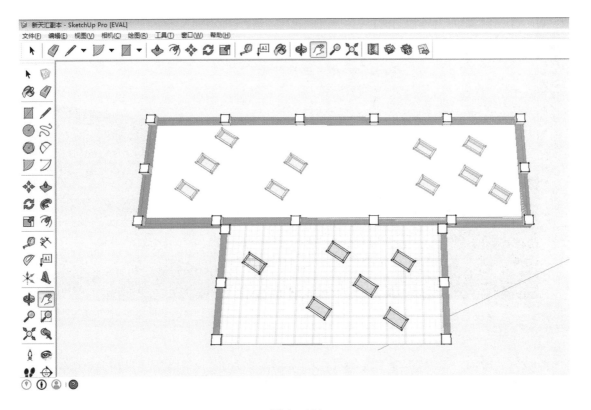

图 4 - 334

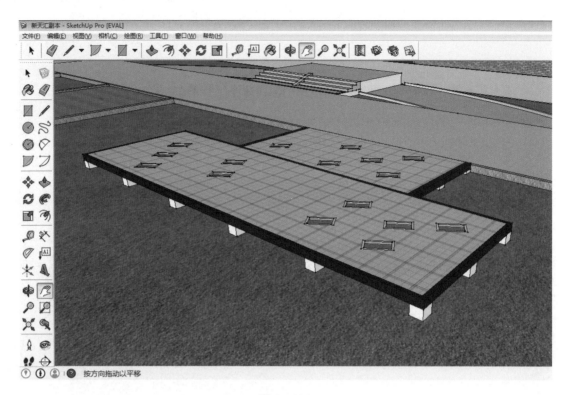

图 4 – 335

（2）将入口保安亭用"推/拉"工具抬高 3.2 米（图 4 – 336）。

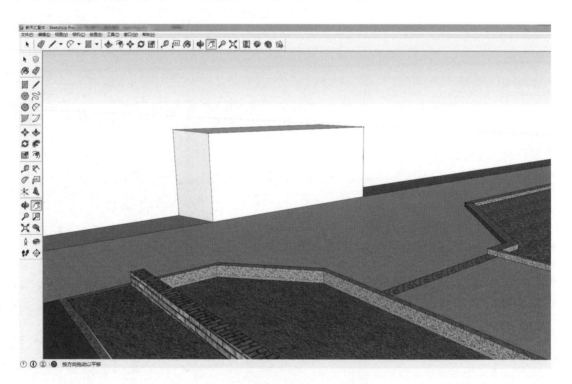

图 4 – 336

（3）将办公大楼用"推/拉"工具抬高 14 米，并用"移动"工具将大门模型放置在办公大楼中（图 4 – 337）。为了图形的完整性，在办公大楼周边新建长 77 米、宽 41 米的矩形大楼，用"推/拉"工具抬高 7 米（图 4 – 338、图 4 – 339）。

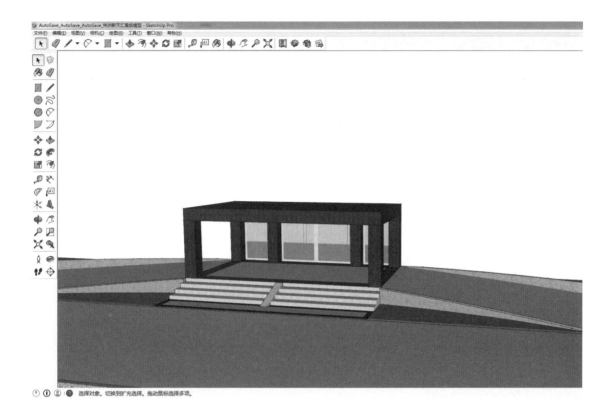

图 4 – 337

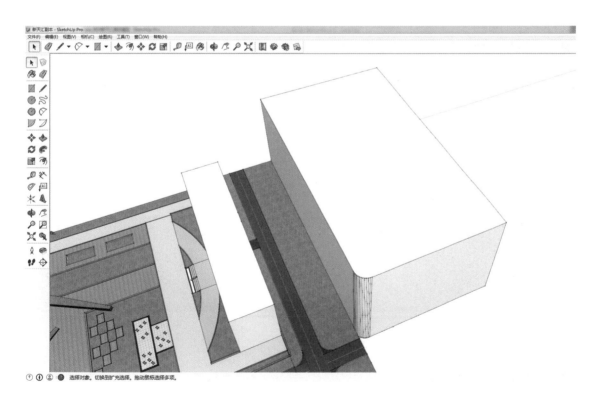

图 4 – 338

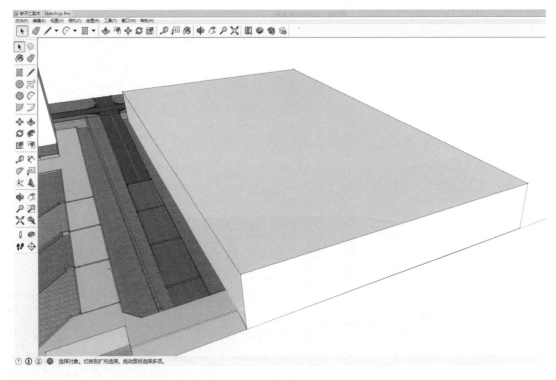

图 4 – 339

（4）将 SketchUp 素材库中的围墙模型用"复制、移动"工具沿着图形周边放置（图 4 – 340）。

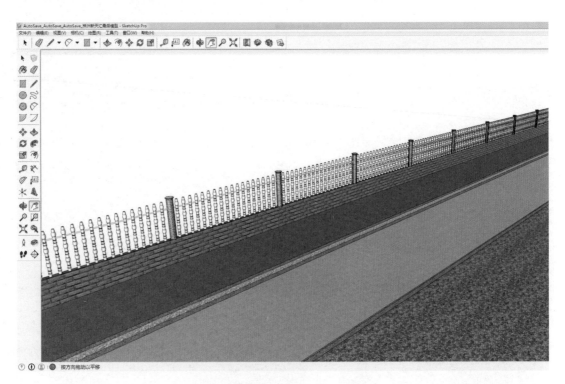

图 4 – 340

（5）入口处的景观廊架我们要单独完成，首先做一个长 0.632 米、宽 0.3 米、高 4.352 米的长方体，如图 4 – 341 所示，接下来绘制 0.368×0.3×4.236 米的柱子（注意控制左边柱子立面的倾斜角度），连接两个柱子间的顶部，如图 4 - 342 所示，形成完成的一个单体，如图 4 - 343 所示，将单体进行复制移动，形成每个间距为 9.7 米的四个支架，如图 4 - 344 所示，创建高 0.04 米、宽 7.689 米、长 30.306 米的廊架顶盖，如图 4 - 345 所示，添加材质，如图 4 - 346 所示，创建组件，形成如图 4 - 347 所示的效果，并拖到整个模型中。

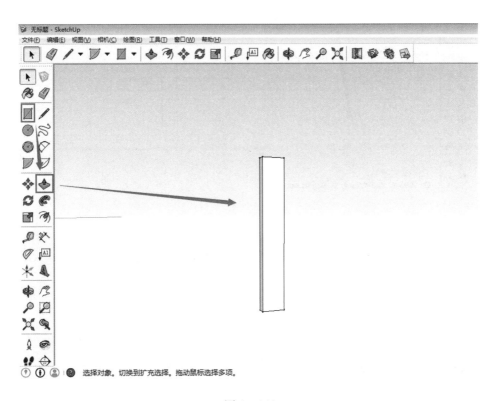

图 4 - 341

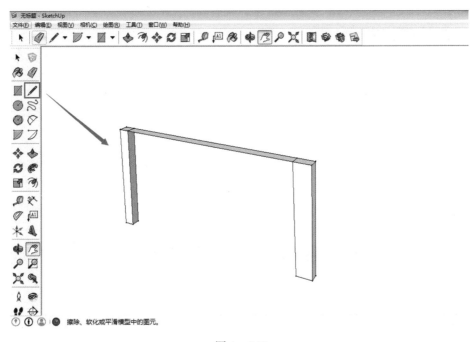

图 4 - 342

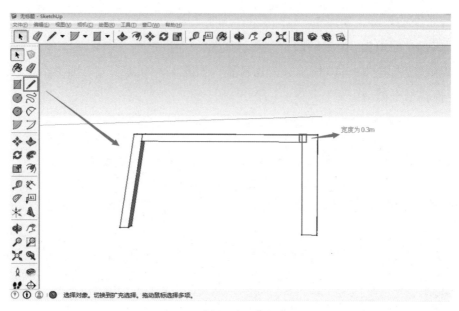

图 4 – 343

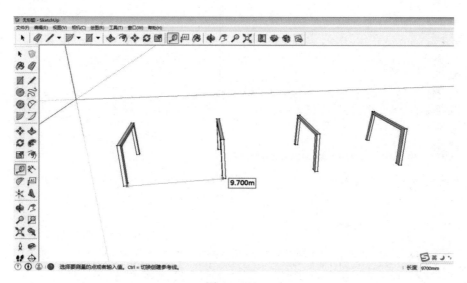

图 4 – 344

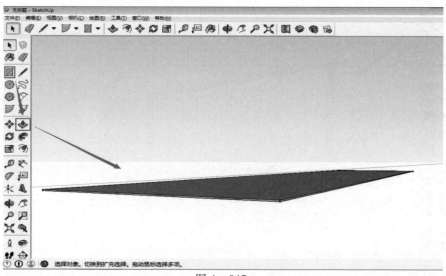

图 4 – 345

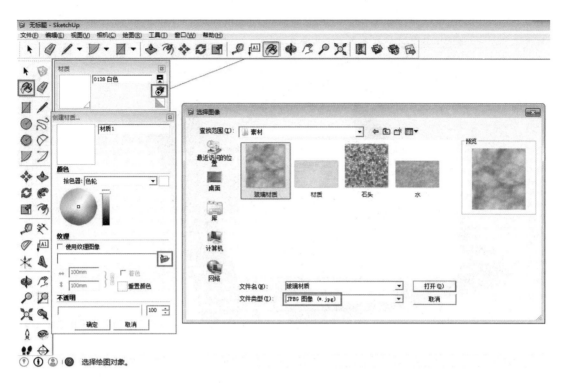

图 4 - 346

图 4 - 347

## 8. 景观植物的添加

（1）将素材库里的行道树模型用"复制、移动"工具沿着道路、花坛周边放置（图 4 - 348）。

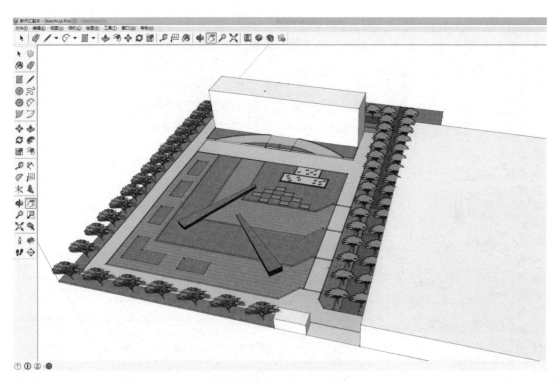

图 4 - 348

（2）将素材库中的竹子模型用"复制、移动"工具放置花坛中（图 4 - 349）。

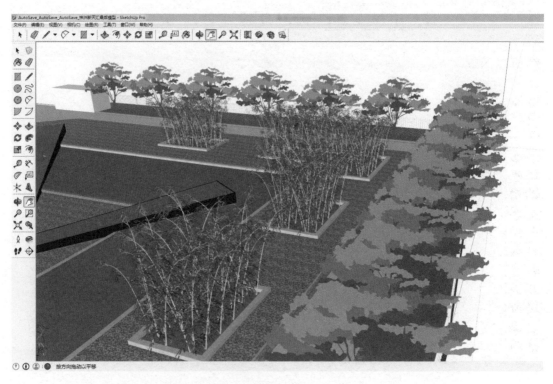

图 4 - 349

　　（3）将植物模型（乔、灌木以及花卉，按照色彩分明、高低错落有致搭配）用"移动"工具放置在办公大楼前坪花坛（图 4 - 350）。

（4）将植物模型（乔、灌木以及花卉，按照色彩分明、高低错落有致搭配）用"移动"工具放置在主入口侧旁（图 4 - 351）。

图 4 - 350

图 4 - 351

（5）在绿地中点缀植物，使得图形更加具有鲜活、色彩感（图 4 - 352），将廊架模型用"移动"工具放置在主入口（图 4 - 353），将车子模型用"移动"工具放置在道路中（图 4 - 354、图 4 - 355），将人物模型用"移动"工具放置在道路中（图 4 - 356、图 4 - 357）。

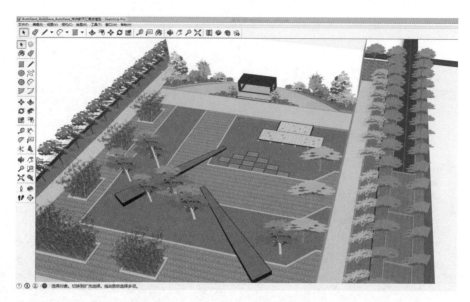

图 4 – 352

图 4 – 353

图 4 – 354

图 4 - 355

图 4 - 356

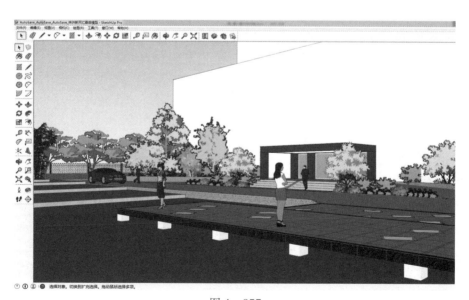

图 4 - 357

（6）最终完成效果（图 4 - 358 至图 4 - 360）。

图 4 - 358

图 4 - 359

图 4 - 360

### 4.3.4　SketchUp 导出图像文件前的设置

**1. 页面的添加**

（1）页面的添加方法：在 SketchUp 应用程序中选择"窗口"，点击其中的"场景"命令中的"＋"命令，出现对话框（图 4-361），点击"创建场景"对页面进行添加。（图 4-362）

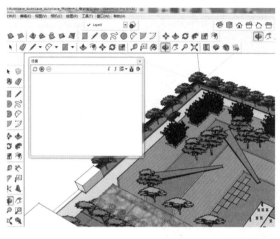

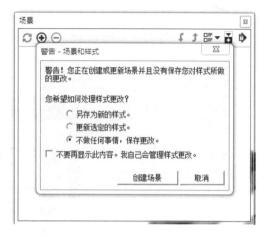

图 4-361　　　　　　　　　　　　　　　　　　图 4-362

（2）选择适合的角度透视效果，作为一个页面，要出另外一个角度的透视效果时，首先用"环绕观察"命令调整好角度，然后需要添加新的页面，在已创建一个页面的基础上，如果要添加新的页面时，应该在对话框中勾选"另存为新的样式"（图 4-363）并点"创建场景"，才能添加新的页面，勾选过一次以后再继续添加新的页面，将自动生成新的页面，不用多次勾选。

（注：如果已保存页面需要进行模型局部修改和阴影光线调整时，我们应该选择"页面更新"，页面更新命令在此页面标题上，如图 4-364 所示，点鼠标右键，会出现下拉菜单，从其中选择更新命令即可，否则此页面将不会在该页面中保存所做的相应改动）

图 4-363　　　　　　　　　　　　　　　　　　图 4-364

2. 相机角度的设置

(1) 先将"相机"中的"透视显示"选项处于取消选择状态，使模型视图变成顶视图。（图
4-365）

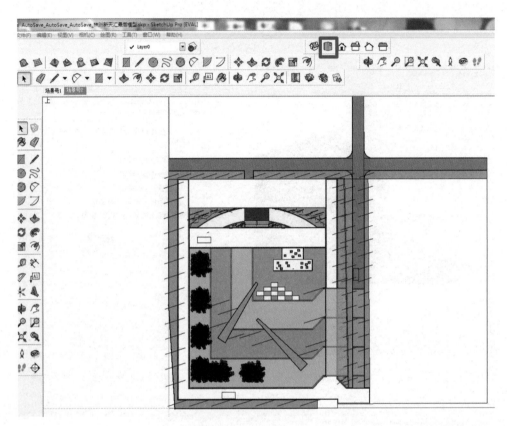

图 4-365

(2) 选择"相机"中的"相机位置"选项，之后在顶视图中点击相机所处在的位置，点住鼠标向
所看的方向拉伸，至适当的位置后，此时放开鼠标，系统会自动产生操作者设置后的效果，然后输入
视线的高度。

（注：人站立视线高度大约是 1.65 米，在"查看"中选择"透视显示"所选择的模型会自动出现设
置的透视效果，当然有时候场景比较局促，我们又需要表现角度的内容，那么就需要编辑"视野"并
在界面右下角用数字键盘输入角度，视角调制结束）

3. 阴影的设置

(1) 在"查看"中找到"阴影"选项，点击后会出现"太阳光与阴影选项"对话框。点选"位
置"标签，在"国家"与"城市"栏中分别设定为"USA"与"Boulder（co）"，如图 4-366 所示。

（注：移到"太阳光与阴影"标签，点选"产生阴影"与"在面上"，"在面上"如果是以灰阶显示
而无法点选时，请参考阴影说明）

(2) 接着将日期设为 5 月 21 日，时间设为下午 13：30，在"明暗调节"中，"扩散光"设为
80，"周围光"设为 20。点选"要将太阳的位置套用到所有阴影吗"选框，点取"关闭"按钮。（图
4-367）

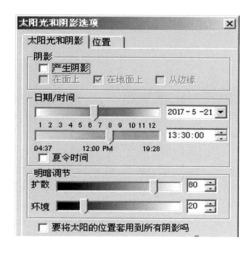

图 4 - 366　　　　　　　　　　　　图 4 - 367

关于"日期/时间"，我们可根据阴影光线的审美需要来适当地调整，总之原则是使光线打在建筑上产生良好的光影效果，为建筑本身服务。

（3）关于明暗关系的调整，我们可以选择下面的"扩散"与"环境"选项，拉伸滑动条来进行调整变化。（阴影设置的工具条在"查看"＞"工具"＞"阴影"）

（注：在不需要阴影效果对建筑进行调整时，最好将阴影显示关掉，以便提高运行速度）

#### 4. SketchUp导出至图像文件

选择标题栏中"文件"＞导出＞图像，系统自动跳出对话框（导出图像），在对话框中可以选择自己导出图像要保存的位置，以及要保存的文件类型，还可以选择"选项"按钮，在跳出的"导出 JPG 选项"对话框

图 4 - 368

中，如图 4 - 368 所示，选择适当的分辨率和图像质量，点击确定按钮。（一般对于景观透视图导出分辨率为 2500 即可）分辨率之后点击导出，图像会以设置的格式自动保存到你要保存的地方。

（注：在设置导出图像像素时，必须将"使用视图大小"选项取消，才能对数据进行更改）

#### 5. SketchUp导出至图像的后期处理

模型完成之后，观察整体是否存在错误的地方，如果改动的地方可以在 SketchUp 中改动，那么也可以在导入图片之后运用 Photoshop 对错误进行修整，一般情况下 SU 模型导出后，为了更加突出图面效果，我们会通过后期处理来完成，比如常用的简便方法为 PS 软件，主要通过调整和修改植物的色彩、调整天空的材质，添加近景植物和相关配景来丰富画面，达到提升整体效果的作用。如我们将新天汇的图导出来后进行后期局部处理，包括色彩敏感的调整、细节材质的替换和细节景墙字体的添加，效果显著（图 4 - 369 所示为未进行处理的效果，图 4 - 370 所示为经过 Photoshop 处理的效果）。

图 4 – 369

图 4 – 370

（注：Photoshop 处理添加的植物和配景内容以及表现手法应与图面整体效果协调一致，根据修改的难度和项目时间进度来决定）

### 4.3.5　SketchUp 建筑及景观方案表现中其它要注意的地方和制作技巧

因为前面所列举的案例类型有限，所以还有一些重要的在设计过程中会容易出现的问题，在这里分别列举出来，进行说明。

#### 1．SketchUp 建模的协同制作

对于比较复杂的大型模型，需要有一定的人员同时配合一起做同一个模型。那么在前期建模前需要统一材质，那么我们必须区分出几个标准的颜色，例如木材、地面铺装、墙面面砖色彩、窗玻璃材质、阳台栏杆玻璃材质、裙房石材材质、水景、绿地颜色等（这个颜色可以在默认材质库的 Color 标

准色彩材质库中选取，建议前期只区分出主要几个颜色，以方便整合模型后的整体调整，这样做在整合模型的时候不至于出现重复材质的情况，从而减小整体模型大小）。

**2. 景观水面投影效果制作**

对于有些景观模型内部有比较大面积的水域，在透视角度中会出现投影的一个效果要求，我们一般用整体模型作为组群，然后复制整体模型组群，沿蓝轴做镜像模型，然后放置在原始模型的下方，从而模拟水面的投影效果，如图 4 – 371 所示。

图 4 – 371

（注：将所有模型复制会占用一部分内存和多一些的时间来保存图片，因为这样你的模型会大出一些来，这个时候我们尽量采用占用内存较小的 2d 组件来完成）

**3. SketchUp 建模中组件的编辑**

在拉伸体块时候，注意时刻要清除一个面上不必要的多余的线条（在清除线条时，要注意必须进入该线条或是模型其中一个组件所对应的相应组件中方可对其进行编辑修改、删除）。另外应该注意所删除的线条不要对模型造成任何不良的影响，例如少面变形等现象。如果线条清除之后会对整个模型造成不良影响，而该线条又是整体中不需要的累赘线条，那么可以采用将该线条在其组块中隐藏起来的方法，使此线条不显示出来。

（注：如果所隐藏的 E 是一个组件的次级组件或次级组件中的东西，那么对其进行隐藏之后，若要显示此组件的时候，同样必须进入 E 所对应的相应组件中去更改显示，否则将无法显示该组件）

**4. 用沙盒工具建地形**

在一些自然地形和有微地形设计的景观项目中，我们常用到沙盒工具。沙盒工具主要有根据等高线创建、根据网格创建、曲面拉伸、曲面平整、曲面投射、添加细部、翻转边线七个功能。

（1）调取"沙盒工具"：从"视图"—"工具栏"—"沙盒"里面把沙盒工具栏调出来，以便于操作，如图 4 – 372 所示。

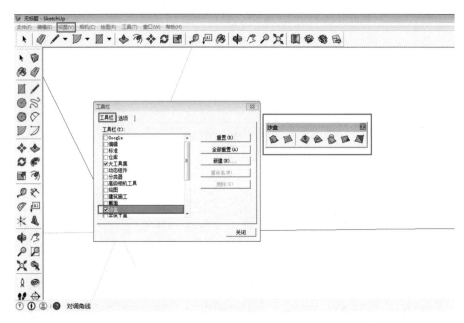

图 4 – 372

（注：如果没有在视图里面找到可能是在"窗口"—"使用偏好"—"延长"—"沙盒工具"中没有把沙盒工具勾选上，如果还是没有找到沙盒工具，那有可能是 Plugins 文件夹里面缺省这个文件。这个原因可能是你的 SketchUp 版本是网上下载的绿色破解版，建议卸载后下载官方的版本，然后重装）

（2）沙盒工具这七个工具都非常实用，稍加练习就明白使用方法了。今天我们主要用到根据等高线创建、根据网格创建和曲面拉伸三个工具来创建地形。地形的创建分两种方法，第一种方法是根据等高线创建，第二种方法是根据网格创建，辅助曲面拉伸工具来创建地形，具体方法步骤介绍如下：

方法一：用等高线创建地形。这种方法因为是利用现有的等高线进行创建，因此适合用于基础条件图非常完整，有详细的地形等高线和标高的场地建模，具体操作如下：

① 先用工具画好等高线，如图 4 – 373 所示。

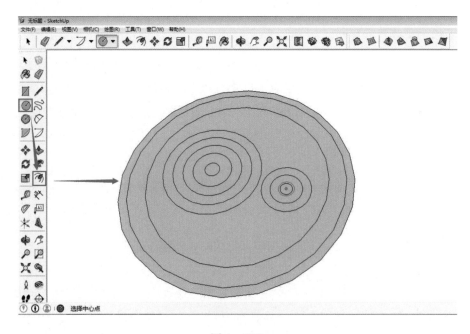

图 4 – 373

② 将等高线按照标高逐层拉伸，如图4-374所示。

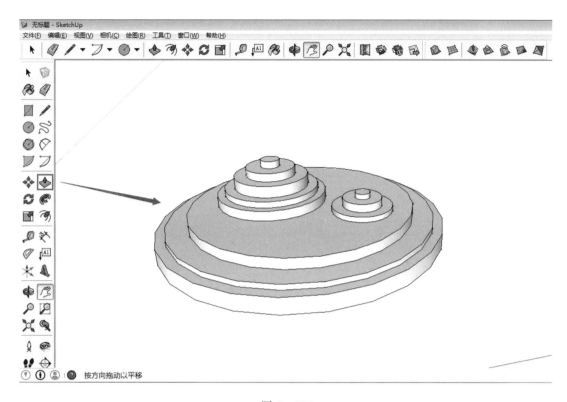

图4-374

③ 用橡皮擦工具擦掉所有的面，只留下边线，如图4-375所示。

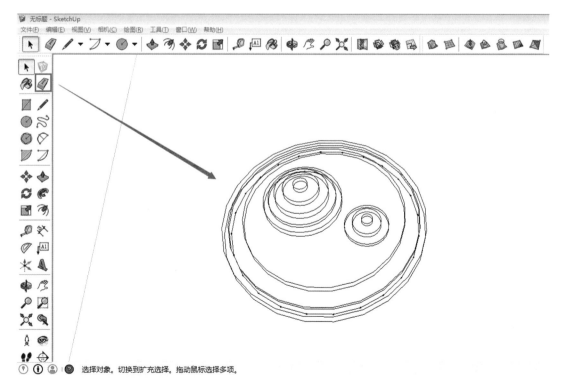

图4-375

④ 将所有等高线全部选择，然后单击沙盒工具的图标—根据等高线创建图标，即可生成山地地形，如图 4 - 376 所示。

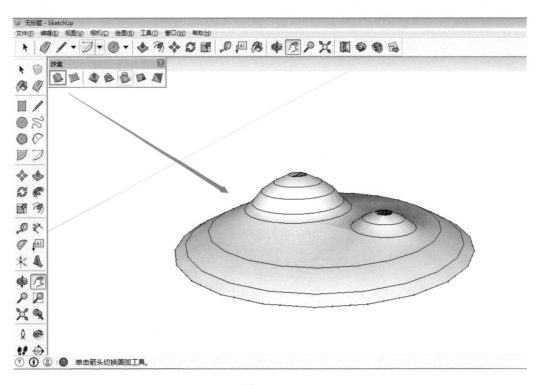

图 4 - 376

⑤ 右键单击建好的模型，选择柔化边线，如图 4 - 377 所示选择如图 4 - 378 所示内容，实现柔和边缘效果。

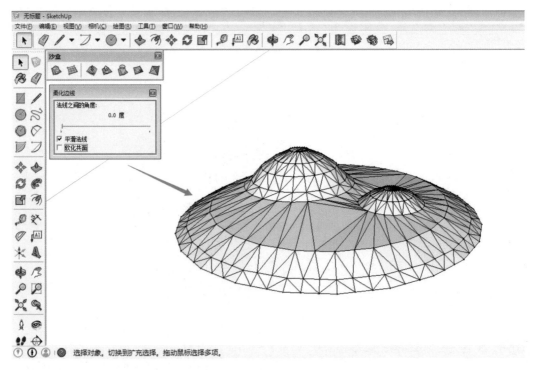

图 4 - 377

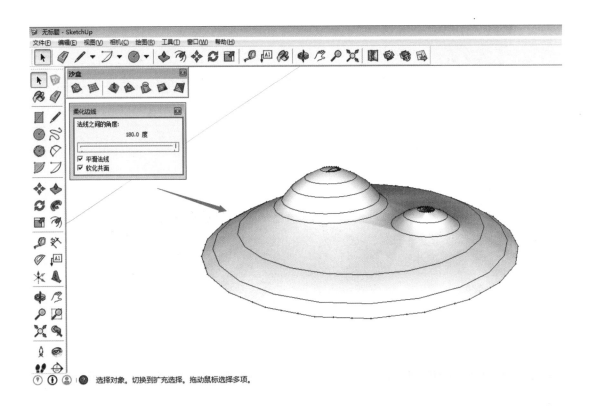

图 4 - 378

（注：SketchUp 的手法是多样的，我们也可以选取更简便的办法，比如找到"窗口—样式"对话框，勾选边线和轮廓线，生成如图 4 - 379 所示的效果）

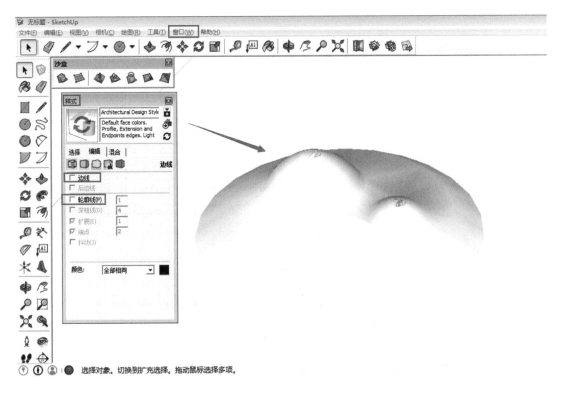

图 4 - 379

⑥ 最后简单赋予草地材质完成山体地形的操作，如图 4 – 380 所示。

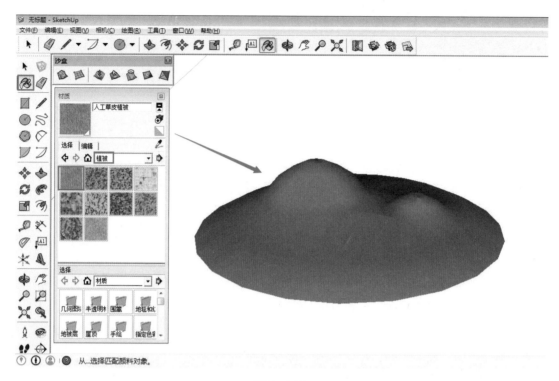

图 4 – 380

方法二：根据网格创建地形。此种方式主要运用于模型要求不那么准确的概念模型或者远处背景的山体，作为基本体量出现的模型。具体操作如下：

① 先用沙盒工具的创建网格工具画出网格，如图 4 – 381 所示。

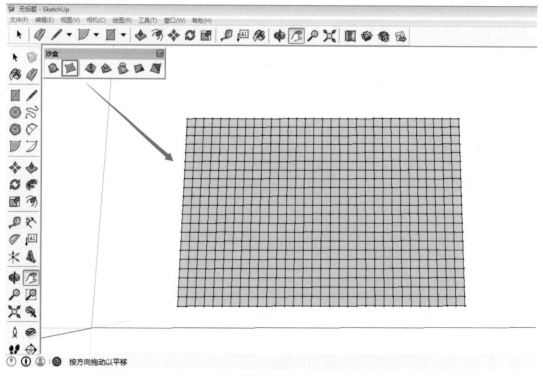

图 4 – 381

② 让后双击网格，点击"选择"工具，双击网格进入模型内部，然后点击"曲面起伏"工具。（图 4 – 382）。

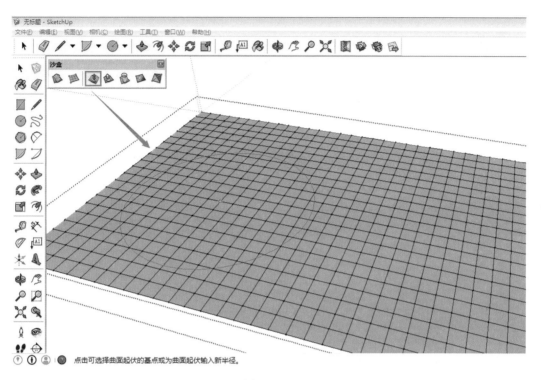

图 4 – 382

（注：右下角可以自定义拉伸范围的大小，也可以改变红色圆圈的大小，数值越大地形范围越大）

接下来拉出自己想要的地形。（注："曲面起伏"工具往上拉就是抬高山体，往下拉就是下沉，如图 4 – 383 所示）

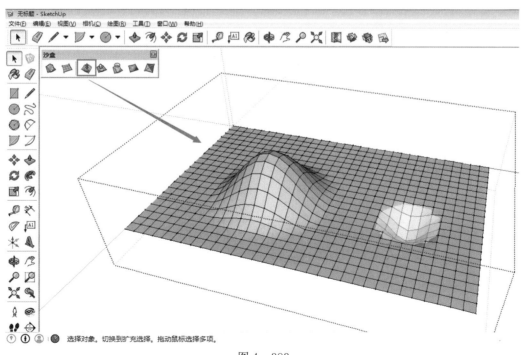

图 4 – 383

③ 找到"窗口—样式"对话框,勾选边线和轮廓线,生成如图 4 - 384 所示效果,让地形变得更平滑。

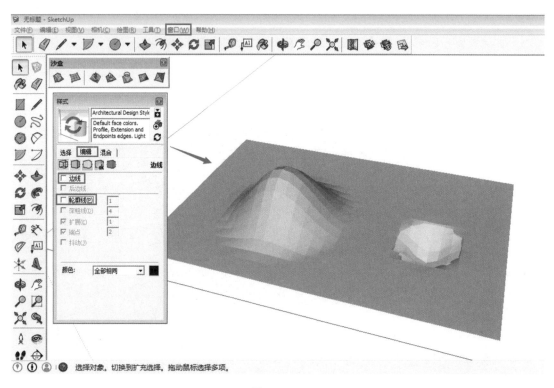

图 4 - 384

④ 简单赋予草的材质(图 4 - 385)。

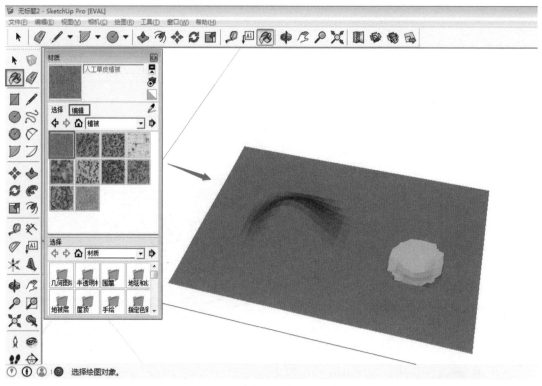

图 4 - 385

（注：右边的低洼水池我们通过点击文件—选择"导入"，如图 4 - 386 所示，形成效果如图 4 - 387 所示）

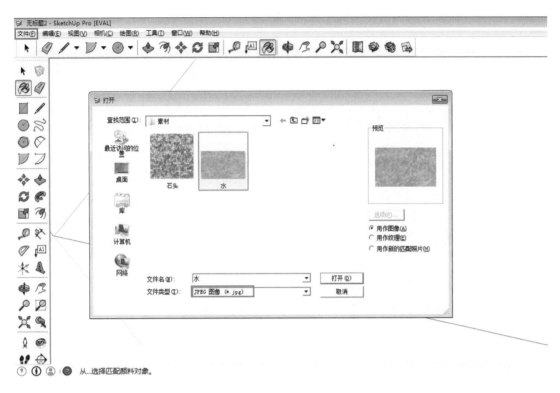

图 4 - 386

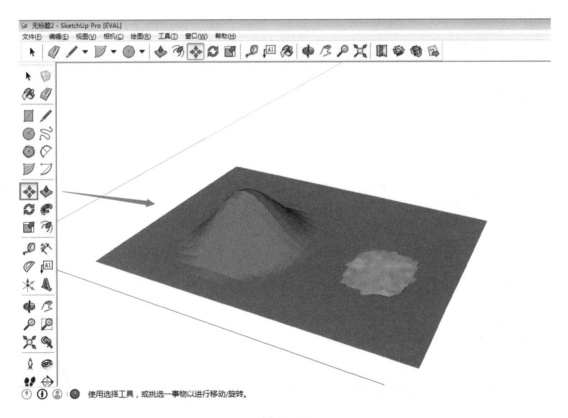

图 4 - 387

### 4.3.6　SketchUp 景观建筑模型效果图欣赏（图 4 – 388 至图 4 – 397）

通过不同类型风格的 SketchUp 模型效果图的制作来打造不同的景观建筑环境。

图 4 – 388

图 4 – 389

图 4 – 390

图 4 - 391

图 4 - 392

图 4 - 393

图 4 – 394

图 4 – 395

图 4 – 396

图 4 - 397

**小结：**

本项目主要是通过一个较小型办公楼景观和建筑的概念模型的制作过程来介绍室外景观建模和形成效果图中要注意的事项和技巧，起到一个入门的作用，对于案例以外可能遇到的重要室外问题，如建地形、做水面阴影等也进行了示范讲解和说明，并在课后练习中加强了楼盘居住区这种常用室外景观单体的训练，整个内容除了工具和命令的熟练运用以外，融合了一定的设计手法和艺术风格的打造，力求通过训练让学生对室外环境的建模和效果图的制作有一定程度的把握能力，真正要完全熟练的掌握效果图的制作需要学习者大量地练习。很多模型的效果并不一定是只有一种途径可以达到，当我们对软件命令和工具有了一定的熟悉和掌握以后，可以通过个人熟悉的方式来实现，所以需要大量地搜集资料和尝试工作，一些好的网站比如 SketchUp 灰晕景观表现技法、草图绘世界论坛、秋凌景观网等，对于需要深入学习室外景观环境的同学，提供了大量可以参考和学习的案例。

**本章课外项目：**

课后习题对于示范项目中没有体现到的其他内容进行自主练习，且练习题型从简单到复杂，提高学生的学习积极性和成就感。

1. **室内方案**

（1）利用已有客餐厅项目素材，完成全户型方案表现。

（2）完成室内全户型方案表现项目中的顶部模型。

（3）依据提供的课外项目 CAD 素材，完成室内全户型方案表现。

2. **室外景观**

（1）根据图 4 - 398 所给的花箱和陶罐花钵立面、意向图及尺寸，完成 2 个单体模型。

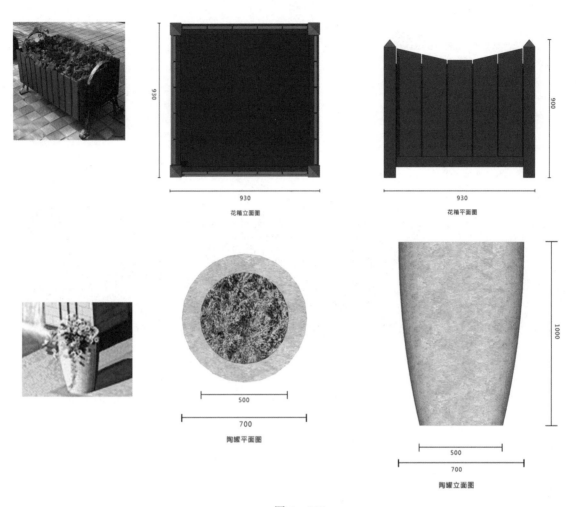

花箱立面图

花箱平面图

陶罐平面图

陶罐立面图

图 4－398

（2）根据课后习题 CAD 里提供的形态相对复杂的花钵的立面图 01 的 CAD 来进行模型制作，并带有一定的设计思路来对其立面材质和风格进行设计。

（3）根据课后习题 CAD 里提供的图 02 所示景墙的平面、立面图 CAD 来完成模型制作。

# 参 考 文 献

【1】刘有良，边海.SketchUp2014 室内设计完全自学手册 [M].北京：人民邮电出版社，2015.

【2】叶柏风.家具·室内·环境设计 SketchUp 表现[M].上海：上海交通大学出版社，2014.

【3】李政，贺春光.SketchUp +TArch 建模基础教程[M].南京：南京大学出版社，2011.

【4】鲁英灿，康玉芬.设计大师 SketchUp 入门（第 2 版）[M].北京：清华大学出版社，2011.

【5】张莉萌.SketchUp 草图大师[M].北京：电子工业出版社，2008.

【6】孙晓璐，赵志刚.SketchUp 建筑草图大师表现技法[M].北京：机械工业出版社，2009.

【7】王进.SketchUp 建筑设计[M].上海：上海交通大学出版社，2014.